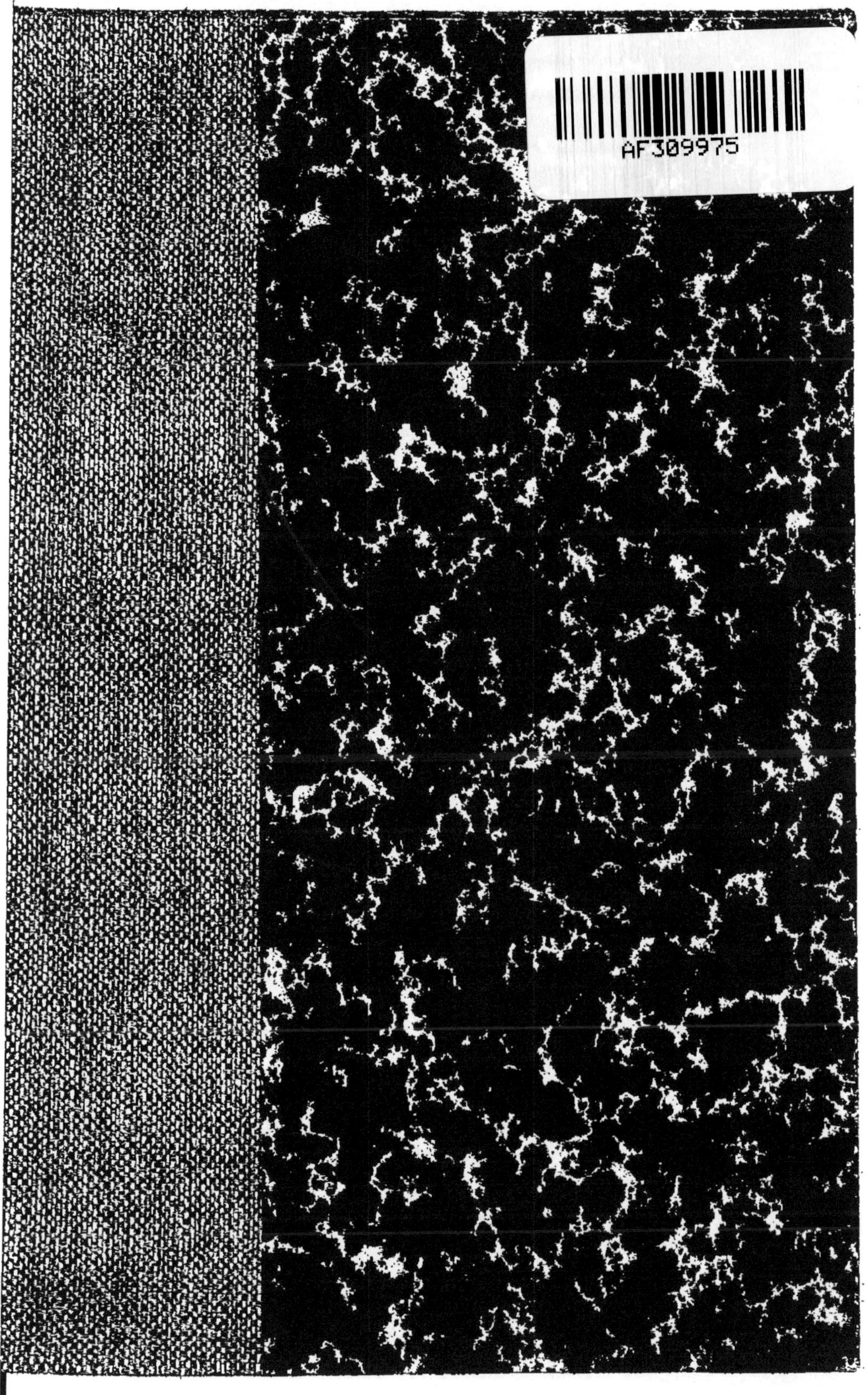

AF309975
AF309975

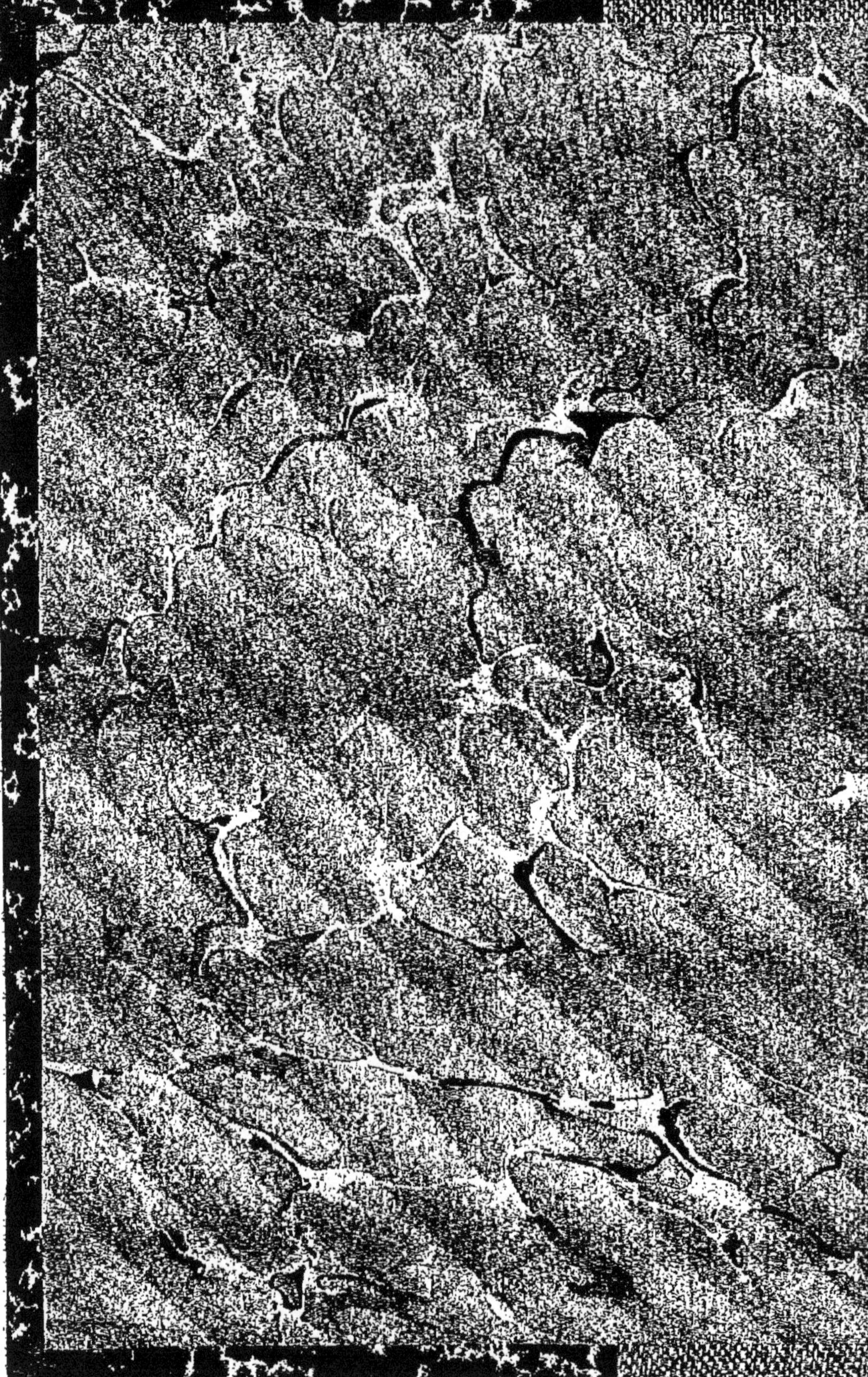

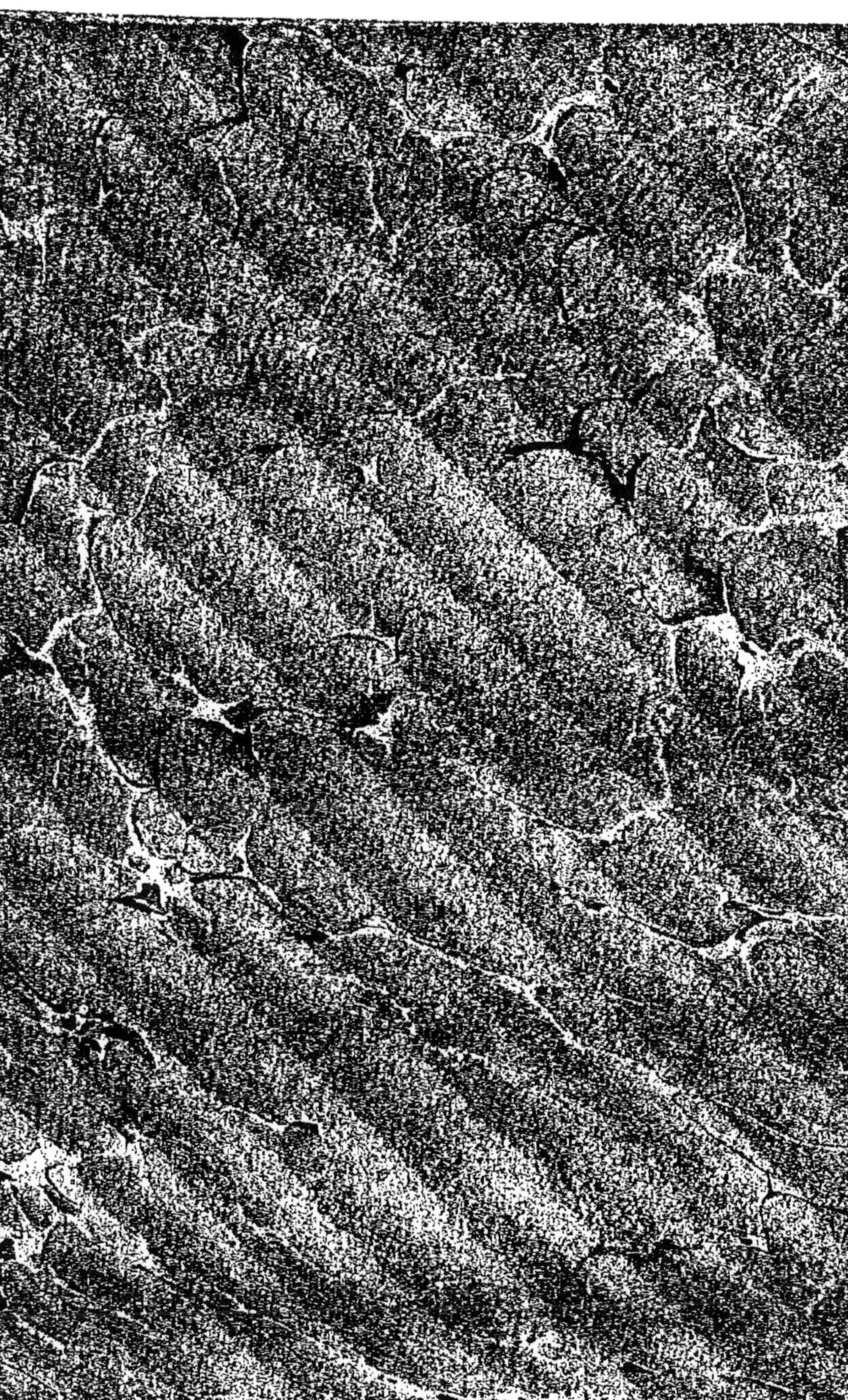

PIERRE GUIEU
INGÉNIEUR
Ancien Élève de l'École de Physique et de Chimie Industrielles

LA TOURBE

PROSPECTION
EXTRACTION
TRAITEMENT
UTILISATIONS

PARIS
LIBRAIRIE GARNIER FRÈRES
6, Rue des Saints-Pères, 6

LA TOURBE

Prospection, Extraction, Traitement

Utilisations diverses

PIERRE GUIEU

INGÉNIEUR

ANCIEN ÉLÈVE DE L'ÉCOLE DE PHYSIQUE ET DE CHIMIE INDUSTRIELLES

LA TOURBE

PROSPECTION
EXTRACTION
TRAITEMENT
UTILISATIONS

PARIS

LIBRAIRIE GARNIER FRÈRES

6, RUE DES SAINTS-PÈRES, 6

1918

INTRODUCTION

Parmi les problèmes qu'a soulevés la guerre, celui du combustible n'est pas le moindre, une crise aiguë nous en a donné une dure preuve. D'ailleurs lorsque la paix sera signée et l'ordre normal des choses rétabli, la crise actuelle n'en subsistera pas moins pendant de longues années. La mise en état de nos charbonnages du Nord dévastés demandera un temps très long; il nous faut donc, à défaut de houille, songer à utiliser d'autres combustibles moins riches.

Parmi ceux-ci il en est un dont nos aïeux ont fait un grand usage et duquel nous devons tirer parti aujourd'hui par des procédés plus modernes, c'est la Tourbe dont il existe de grandes quantités en France. Jusqu'ici ce combustible, qui peut cependant apporter un appoint assez intéressant à notre industrie, a été fort négligé. Nous ne rechercherons pas les causes multiples et variées de cette négligence. Il nous suffira de dire qu'au cours de ces dernières années, l'industrie de la tourbe a subi des perfectionnements qui permettent aujourd'hui son exploitation dans des conditions intéressantes. On s'en est d'ailleurs bien rendu compte de l'autre côté du Rhin où les installations à vapeur, à chauffage par la tourbe sont en nombre considérable.

Dans cet ouvrage, pour la rédaction duquel nous avons réuni une documentation aussi complète qu'il est possible actuellement, nous étudions, après un aperçu sur la constitution et la formation de la tourbe, les divers appareils et procédés d'extraction utilisés dans les principaux pays producteurs. Puis nous abordons la question du séchage de la tourbe, la seule qui retarde actuellement le développement de cette industrie par suite de la difficulté de sa réalisation économique.

Nous examinons ensuite les divers modes d'emploi de la tourbe sur les grilles de foyers domestiques ou industriels et surtout dans les gazogènes. Ce mode d'utilisation est intéressant et très avantageux; car, outre qu'il fournit un gaz qui peut servir à la production de la force motrice, il permet de récupérer, de plus, un certain nombre de produits chimiques et, particulièrement, un engrais de grande valeur, le sulfate d'ammoniaque. Celui-ci concurrence, en effet, d'une façon très sérieuse, les nitrates chiliens dont la source, à plus ou moins brève échéance, s'épuisera.

Le sulfate d'ammoniaque contient 20 % envi-

...ron d'azote alors que le nitrate de soude n'en
contient que 15 %, mais les végétaux, il est vrai,
qui s'assimilent 62 % de l'azote des nitrates
n'absorbent que 43 % de l'azote du sulfate
d'ammoniaque.

D'ailleurs l'azote de ce sulfate d'ammoniaque
peut être transformé en nitrate au moyen d'un
support approprié tel que la tourbe. Nous étudions également cette intéressante question à
laquelle est peut-être réservé un grand avenir.

Enfin, après avoir signalé les divers emplois
de la tourbe dans les exploitations agricoles,
nous donnons un rapide aperçu des autres emplois
possibles de cette matière.

L'ouvrage se termine par une documentation
bibliographique qui permettra au lecteur d'ap-
profondir plus spécialement telle partie de ce
sujet qui l'intéresserait plus particulièrement.

Paris, le 24 décembre 1917.

LA TOURBE

CHAPITRE PREMIER

LA TOURBE ET LES TOURBIERES

Formation et composition de la Tourbe. Les conditions de la formation de la tourbe ont fait de tout temps l'objet des plus vives controverses; certains lui attribuent une origine ancienne, d'autres au contraire une origine toute moderne. Les deux opinions sont exactes, car il existe des tourbières datant d'une époque géologique antérieure à la nôtre et la formation des tourbières se poursuit également de nos jours. On cite d'ailleurs de nombreux marais tourbeux qui n'existaient pas il y a quelques siècles, tel l'exemple suivant : en 1320, le territoire d'Oldenbourg était séparé du Holstein par un bras de mer et ainsi, complètement isolé, formait une île. Peu à peu le bras de mer séparant cette île de la côte s'est comblé et il constitue aujourd'hui une vaste tourbière, d'ailleurs largement exploitée. De nombreux auteurs, rapportent des faits de ce genre, de sorte que la formation moderne des tourbières ne fait, à l'heure actuelle, plus aucun doute.

D'autre part, il n'est pas rare de rencontrer dans les terrains tourbeux anciens des fossiles contemporains de leur formation et particulièrement de l'époque quaternaire : rhinocéros, grands cerfs, mollusques, insectes etc. On y retrouve également les premiers instruments de la civilisation humaine : silex taillés, lances, etc. Tous ces vestiges sont donc une preuve catégorique de la formation ancienne de ces terrains.

Certains auteurs, de Lapparent, Berthier, Lencauchez, ont tiré de là cette conclusion que la formation du charbon de terre est analogue à celle de la tourbe. Les forêts, dont la flore était très riche en arbres gigantesques aussi bien qu'en lianes et en mousses extrêmement développées par suite des conditions favorables de chaleur et d'humidité, ont été ensevelies à la suite d'un cataclysme géologique et recouvertes de sédiments. Sous l'influence de la chaleur et de la pression, elles ont ainsi été transformées, suivant les circonstances, en graphite, anthracite, houille ou lignite.

Comme nous le verrons plus loin, il est d'ailleurs possible de reproduire la tourbe au cours d'une période de courte durée par un choix judicieux des conditions climatériques et de la flore des marais.

MM. R. Björling et E. F. Gissing expliquent de la façon suivante la formation de la tourbe :

Les parois intérieures des cellules des végétaux entassés dans les contrées basses et humides s'épaississent et, peu à peu, arrêtent la respiration et l'assimilation des cellules, amenant ainsi leur mort.

La décomposition de la plante commence alors : le protoplasme disparaît tout d'abord, puis les parois des cellules, et enfin les fibres spiralées. Ces transformations physiologiques sont accompagnées de phénomènes chimiques d'où résulte une production d'ammoniaque, d'hydrogène sulfuré et d'hydrogène phosphoré provenant de la fermentation des substances azotées sous l'action de l'oxygène des cellules mortes. Les substances privées d'azote, telles que les sucres et l'amidon sont transformées en acides. Finalement les parois des cellules, sous la pression des gaz dégagés par les diverses réactions, éclatent et la totalité de la matière végétale se transforme en acides parmi lesquels l'acide carbonique et l'acide ulmique. Ce dernier empêche la pourriture complète de la masse et son action, combinée à celle d'autres agents, séparant constamment l'hydrogène du carbone, enrichit la teneur de la substance en carbone. La matière végétale est alors constituée par un mélange d'ulmine, d'humine et de fibres spiralées. Enfin ces dernières ainsi que quelques tissus très résistants qui ont encore pu subsister se détruisent également, particulièrement sous l'action du froid et de l'humidité. Le produit de la décomposition tombe au fond du marais où il s'accumule peu à peu; sous l'influence de la pression exercée par les couches supérieures et par la masse marécageuse il se carbonise lentement, absorbant les substances bitumineuses et résineuses et donnant finalement cette masse à texture spongieuse de coloration variant du brun très clair au brun presque noir et qui est la tourbe.

Les conditions de formation de la tourbe sont assez variables, selon sa nature. Suivant les plantes qui la composent, on peut distinguer, deux sortes de tourbes :

Les tourbes de mousse et les tourbes d'herbes.

Tourbes de mousse.   Nyström (1) classe les tourbes de mousse en trois catégories :

Tourbes de sphaignes. — Cette tourbe constitue un combustible léger et poreux assez long à sécher. Le sphaigne poussant sur un terrain ou dans une eau contenant peu de principes nutritifs est pauvre en matières inorganiques et laisse peu de cendres en brûlant. La tourbe de sphaignes est très employée pour la litière, pour la conservation des fruits, la fabrication du papier, de l'alcool, des isolants ainsi qu'en médecine.

Tourbe d'hypnes. — Se forme dans les terrains ou les marécages riches en substances calcaires. Les hypnes ayant des parois épaisses sont beaucoup moins poreuses que les sphaignes. Par suite de sa constitution cette tourbe laisse à la combustion un fort résidu de cendres variant de 8 à 30 % du poids du combustible; sèche, elle tombe facilement en morceaux. On l'amende en la mélangeant à d'autres sortes de tourbes moins riches en cendres.

La tourbe d'hypnes possède une forte teneur en azote et en chaux; à ce point de vue elle peut être d'une grande utilité en agriculture.

Tourbe de mousse forestière. — Cette sorte de tourbe est constituée par les mousses, les bruyères et les débris des arbres. Elle a peu de cohésion par suite de la présence de troncs d'arbres, de branches et de racines. On l'améliore en la réduisant en pâte au moyen d'appareils et de machines dont nous parle-

---

(1) NYSTRÖM, *Tourbe et lignite,* leur fabrication et leurs emplois en Europe (1913).

rons plus loin et en la moulant en briquettes. La teneur en cendre varie de 5 à 8 %. La tourbe de mousse forestière, qui constitue un bon combustible, est riche en azote et, à ce point de vue, est également intéressante pour l'agriculture.

Tourbes d'herbes. Les tourbes d'herbes sont également classées en plusieurs catégories suivant la nature des végétaux qui les constituent.

Tourbe de mer. — La tourbe de mer est formée de débris de phragmites, de scirpes et de prêles mêlés souvent à des méniantes, à des nymphées et même à des débris de poissons et d'oiseaux. Elle a une forte teneur en azote, en chaux et autres matières minérales et laisse en brûlant de 8 à 10 % de cendres. Elle donne un combustible lourd et compact.

Tourbe de laîches. — Formée par des débris de différentes plantes de la famille des laîches mélangés à des débris de mousses et d'autres végétaux la tourbe de laîches est d'une composition très variable et se présente parfois sous forme d'une masse noire et lourde, parfois au contraire poreuse, légère et sans cohésion. La teneur en cendres varie de 3 à 25 %, la substance n'étant intéressante au point de vue de la combustion que lorsque cette teneur est faible. La tourbe de laîches est assez riche en azote et trouve son emploi en agriculture.

Tourbe d'ériophores. — Cette sorte de tourbe est constituée principalement de débris d'ériophores dont il existe d'ailleurs un très grand nombre de familles. Elle constitue le meilleur combustible et c'est particulièrement cette catégorie dont on devra favoriser la reproduction par une étude minutieuse

et attentive des conditions les plus favorables. Elle
sèche rapidement et donne un combustible noir et
lourd dont la teneur en cendres est de 0,75 à 4 %.

Classification des tourbières. Suivant leur situation les tourbières
se divisent en plusieurs catégories,
distinctes par la nature de la tourbe et par les conditions de développement et d'exploitation. Ce sont :

Les tourbières de marais ou immergées;

Les tourbières de plaines;

Les tourbières de montagne ou supra-aquatiques.

Tourbières immergées. — Ces tourbières prennent
naissance à l'embouchure des fleuves et des rivières
ou sur leurs bords, dans les lacs, les étangs et au bord
de la mer. Les conditions nécessaires à la formation
de cette catégorie de tourbières sont l'existence d'une
nappe d'eau peu profonde, n'ayant pas un courant
trop rapide sans cependant être stagnante, et la présence de végétaux ligneux : joncs, prêles, carex, scirpes, typha, etc. Une eau animée d'un courant trop
rapide emmènerait les produits de la fermentation
dès leur formation, une eau stagnante amènerait au
contraire une pourriture complète des végétaux.
Cette question devra donc être particulièrement
prise en considération dans tout projet de reproduction de la tourbe.

Tourbières de plaines. — Un grand nombre d'auteurs attribuent leur formation à la destruction sou-
daine des forêts, causée par un bouleversement de la
nature : ouragan suivi de pluie torrentielle, l'eau
étant retenue par les troncs d'arbres et donnant naissance à un marais qu'une source voisine ou des pluies
périodiques ont alimenté. Cette catégorie de tour-

bières ne se rencontre que dans les pays du nord, car
dans les pays chauds, le sol, sous l'action du soleil
serait rapidement desséché, et les végétaux dévorés
par les insectes qui pullulent dans ces conditions
climatériques.

Tourbières des montagnes ou supraaquatiques. —
Ces tourbières sont constituées par des mousses du
genre sphaigne à texture d'éponge. Ces végétaux
existent en touffes très serrées et sont très prolifiques :
une seule capsule de *Sphagnum cuspidatum* renferme
environ 2.800.000 graines ; leur végétation n'est guère
interrompue momentanément que par la gelée, mais
poursuit son cours aussitôt après. Ces plantes ont un
pouvoir hygrométrique très fort ; pour s'en rendre
compte il suffit de prendre un verre d'eau et d'y
plonger un sphaigne dont la tige flexible retombe sur
le bord du verre. Peu à peu, par un effet de capillarité,
on voit l'eau envahir la tige puis s'écouler à l'autre
extrémité. Les tourbières de montagne ressemblent à
de vastes éponges retenant d'énormes quantités d'eau
qui en favorisent le développement. Dans de bonnes
conditions elles peuvent atteindre des profondeurs
considérables, surtout dans la partie centrale où le
drainage de l'eau est plus lent et la végétation plus
active. La tourbière a alors la forme d'un ménisque
convergent, ou, en d'autres termes, d'une lentille.

Composition Les tourbières sont constituées en
de la tourbe. général par trois couches plus ou
moins distinctes (fig. 1) : La couche supérieure, d'une
teinte claire, inutilisable pour la combustion, mais qui,
par contre, est d'une grande valeur comme litière et
comme engrais ;

La couche intermédiaire d'une couleur plus foncée et qui souvent ne se distingue pas;

La couche inférieure, la plus importante, d'une

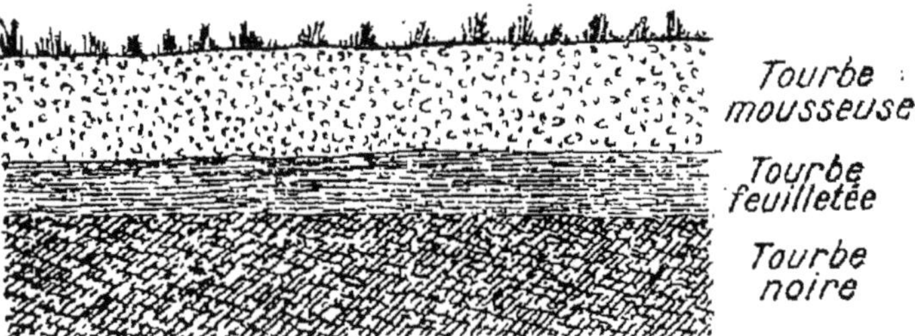

FIG. 1. — Coupe schématique d'une tourbière.

teinte foncée et d'autant plus accentuée que la profondeur est plus grande; seule elle convient pour le chauffage.

La composition chimique, variable d'une tourbière à l'autre, varie également dans la même tourbière suivant la profondeur ainsi que le montre le tableau ci-dessous :

Variation de la composition de la tourbe avec la profondeur.

PROFONDEURS	COMPOSITION DE LA TOURBE SÉCHÉE A 100 DEGRÉS				
	C	H	O	AZ	CENDRES
0.30 m........	53.40	5.95	34.75	1.30	4.50
1.50 m.......	55.60	5.60	32.70	1.40	4.70
2.50 m.......	59.10	5.50	28.50	1.70	5.20

Le tableau suivant, dressé par M. R. Dumont et relatif à des échantillons prélevés dans les tourbières de Bief-du-Bourg (Jura), indique encore une variation plus grande de la composition du combustible avec la profondeur :

Composition de la tourbe de Bief-du-Bourg (Jura).

PROFONDEUR	ANALYSE		
	AZOTE	CHAUX	CENDRES
Couche supérieure.	6.80	24.08	31.00
Couche intermédiaire	16.10	5.60	10.50
Couche inférieure.	11.10	11.20	50.00

La composition des diverses tourbières est encore plus variable. Ceci est facile à s'imaginer étant donnée la différence d'origine de la substance.

D'après R. Dumont le sol sur lequel repose la tourbière a une influence très nette sur la composition de la tourbe. Lorsqu'en effet, la tourbe prend naissance sur un terrain calcaire riche en acide phosphorique, mais pauvre en produits basiques (tourbières des vallées de l'Oise, de l'Aisne, de la Somme) sa composition est essentiellement différente de celle d'une tourbe reposant sur un terrain granitique riche en potasse, mais pauvre en chaux et en acide phosphorique.

La perméabilité du sol a également une influence directe en facilitant ou en interdisant l'évacuation des constituants solubles. L'acidité augmente en général avec l'âge de la tourbe, les couches inférieures devenant toujours plus acides.

Vue sous le microscope, la tourbe fraîche laisse reconnaître des cellules remplies et entourées d'une substance gélatineuse nommée l'hydrocellulose, en quantité d'autant plus grande que la décomposition des végétaux est plus avancée, c'est-à-dire que la tourbe est plus ancienne.

En se desséchant, cette hydrocellulose emprisonne une certaine quantité d'eau dont il devient alors assez difficile de la débarrasser. De nombreux inventeurs se sont heurtés à cette propriété particulière de la tourbe qu'ils ne connaissaient parfois pas assez. Aussi la liste interminable des brevets d'invention ayant trait à des appareils à dessécher la tourbe par les divers procédés que nous étudierons plus loin en contient-elle une forte proportion qui n'atteignent nullement le but que se proposait l'inventeur.

La teneur en eau de la tourbe est très forte et, lorsque la tourbière n'a pas été drainée, atteint généralement 85 à 90 %, parfois plus. Dans les tourbières supraaquatiques il est possible par un drainage judicieux d'abaisser cette teneur jusqu'à 50 et même 40 %, ce qui présente un gros avantage pour l'exploitation. L'eau constitue en effet un poids mort qui est manutentionné au même titre que la tourbe et qui, par suite, en grève le prix de revient dans une proportion qu'il convient en général, de réduire au minimum.

La tourbe est très hygrométrique; séchée artificiellement elle reprend rapidement une teneur en humidité de 15 à 20%. Par contre, séchée à l'air à 20 ou 25% elle conserve ensuite indéfiniment cette même teneur.

Pour les besoins domestiques, la tourbe peut être utilisée à une teneur allant jusqu'à 25% d'eau. Dans l'industrie on l'utilise même jusqu'à 45% et certains foyers spéciaux permettent la combustion d'une tourbe encore plus humide.

Pouvoir calorifique de la tourbe. Dans l'analyse d'une tourbe, outre la détermination des composants élémentaires il convient de mesurer son pouvoir calorifique. Nous n'étudierons pas ici les appareils employés dans ce but, cette description sortant du cadre de cet ouvrage et les appareils étant d'ailleurs sensiblement les mêmes que pour les autres combustibles.

Le pouvoir calorifique de la tourbe absolument sèche est d'environ 5.000 calories. Ce pouvoir calorifique diminue naturellement lorsque la proportion d'humidité augmente, puisque, non seulement, à poids brut égal, le poids net de combustible sec diminue, mais encore une partie des calories dégagées par la combustion de cette tourbe sèche est consommée par la vaporisation de l'eau contenue dans la masse.

Un calcul simple permet de se rendre compte du pouvoir calorifique Px d'une tourbe contenant une proportion x d'humidité et dont on connaît le pouvoir calorifique P à l'état sec :

Si nous prenons un poids égal à l'unité d'une tourbe à teneur x en humidité, il contiendra un poids de substance combustible égal à $1 - x$. La combustion de cette tourbe sèche dégagera une quantité de chaleur représentée en calories par l'expression :

$$P (1 - x)$$

Une partie de cette chaleur sera utilisée à vaporiser le poids x d'eau que contient l'unité de poids de tourbe. Cette chaleur sera représentée par l'expression

$$x\ 650 \text{ calories.}$$

Le pouvoir calorifique Px de la tourbe humide sera donc égal à la quantité de chaleur finalement dégagée et utilisable, soit :

$$P_x = P (1 - x) - 650\ x$$

Ou sous une forme plus commode.

$$P_x = P - x (650 + P)$$

Si nous avons par exemple une teneur en humidité $x = 0,2$, et en supposant que le pouvoir calorifique de la tourbe sèche soit de 5.000 calories, la combustion de un kilogramme de tourbe à 20 % dégagera une quantité de chaleur égale à :

$$Px = 5.000 - 0,2 (650 + 5.000) = 3.970 \text{ calories.}$$

La valeur des tourbes au point de vue calorifique varie également dans de grandes limites suivant le lieu d'extraction.

Le tableau suivant, établi pour des combustibles ayant une teneur de 18 à 20 % d'humidité montrera la valeur de cette variation.

*Pouvoir calorifique de divers échantillons de tourbe
(teneur en humidité 18 à 20%.).*

ORIGINE	POUVOIR CALORIFIQUE EN CALORIES PAR KILOGRAMME
Bresles noire...................	4.774
Bresles moussue..............	3.957
Chesy 1er......................	4.490
Chesy 2e.......................	3.914
Bourdon 1er....................	4.232
Cramon	4.132
Long	4.100
Vulcaire	4.050
Champ de feu..................	4.080

En dehors des analyses chimique et calorifique, la tourbe, suivant l'usage auquel on la destine, est soumise a des analyses spéciales :

Détermination du pouvoir d'absorption pour les tourbes destinées à servir de litière, détermination de la composition des cendres, etc.

Reproduction de la tourbe. S'il est bien certain que la formation de la tourbe se continue de nos jours dans les terrains où règnent les conditions favorables de température, d'humidité et autres dont nous avons parlé, les divers auteurs ne sont cependant pas d'accord sur la rapidité de cette formation. D'après les uns elle serait de 50 à 60 centimètres par an,

selon d'autres (1), elle serait de 1 mètre en 30 ou
40 ans. Cette rapidité doit évidemment varier suivant
la nature des tourbières et il convient encore de savoir
si les auteurs envisagent seulement la tourbe noire
combustible (ce qui est le cas de Dubosc) ou l'ensemble
de la couche tourbeuse.

Cette croissance de la tourbière peut d'ailleurs être
activée en la favorisant suivant les conditions locales.
Le marais devra être ensemencé de plantes capables
de se développer dans le milieu, qui sera lui-même
amélioré le plus possible.

Dans les marais immergés, par exemple, le tourbier
ensemencera le terrain de cyperacées, de characées,
nymphéacées, lemnacées, potamées, haloragées et
de quelques graminées. Dans les marais de montagne au contraire on développera les sphaignes
et surtout le *Sphagnum cuspidatum* qui est très
prolifique.

Au bord des rivières on favorisera le développement
des mousses : *Hypnum cordifolium, Stramenium,
Trifolium.* Dans les marais où ne poussent que des
conferves, la formation de la tourbe est très lente ; on
l'activera en y semant des équisétacées.

Il convient en outre d'éviter l'arrivée des cailloux
et des matières terreuses dans la tourbière. On obtiendra ce résultat en creusant un bassin sur le parcours
du ruisseau alimentant le marais avant son arrivée.
Dans ce bassin les eaux se décanteront et les cailloux
et les matières minérales se déposeront au fond qu'il
suffira de curer à certains intervalles. Lorsqu'il n'est
pas possible de pratiquer ce procédé on peut encore

(1) Dubosc, *Traité complet de la tourbe*, p. 156.

entourer le marais d'une circonvallation qui remplira
le même office.

Dans tous les cas, les bords du marais seront plan-
tés d'arbres. Ceux-ci présentent d'abord l'avantage
de retenir l'humidité et d'autre part les branches
mortes s'amoncelant sur les bords de la tourbière
forment en quelque sorte filtre pour les eaux qui arrivent au marais et retiennent ainsi toutes les matières
solides.

Pour effectuer ce boisage on recommande surtout
les pins, les bouleaux et les saules.

GISEMENTS DE TOURBE

Tourbières françaises. Aucune statistique exacte de nos
richesses tourbières n'existe encore
actuellement. Cependant à l'heure actuelle le service
de la tourbe auprès du ministère de l'Armement
s'occupe de cette question. D'ores et déjà ce service
se tient à la disposition des industriels pour fournir
tous renseignements sur l'étendue et la richesse des
gisements des diverses régions.

La superficie totale des tourbières françaises
atteindrait 38.000 hectares (1), dont le tableau ci-
après donne la répartition.

(1) VICHNIAK, *La tourbe et l'industrie électrique*, Revue
générale de l'électricité, 27 janvier 1917, tome I, n° 4, page 151.

Répartition des tourbières françaises.

DÉPARTEMENTS	SUPERFICIE EN HECTARES
Loire-Inférieure	7.223
Somme	2.800
Finistère	2.600
Basses-Alpes	1.290
Pas-de-Calais	1.100
Oise	1.000
Aisne	1.000
Manche	873
Seine-et-Oise	570
Savoie	306
Bouches-du-Rhône	269
Charente-Inférieure	263
Ain	238
Landes	191
Gironde	157
Loir-et-Cher	133
Gard	104
Alpes-Maritimes	35
Territoire de Belfort	5
Jura	non évaluées

Loire-Inférieure. — La tourbe est extraite dans les « brières » des environs de Montoir et de la Grande Brière. Le droit d'exploitation de ces tourbières très étendues appartient aux habitants des communes.

L'épaisseur moyenne de la couche est de 60 à 80 centimètres.

Voici l'analyse de deux échantillons de tourbe de Montoir (1) :

ANALYSE	1er ÉCHANT.	2e ÉCHANT.
Azote	1,03	0,68
Acide phosphorique......	0,04	»
Potasse	»	0,18

Somme. — L'industrie de la tourbe est très développée dans ce département, d'ailleurs riche en tourbières.

D'après M. Houillier, ingénieur des Ponts et Chaussées, à Abbeville (Somme), de 1880 à 1911, la production de tourbe picarde est tombée de 83.920 tonnes à 42.590 tonnes par an.

Les tourbes picardes sont généralement riches en azote.

Le tableau suivant, dû à M. Hitier, donne la composition d'un certain nombre de gisements :

(1) LARBALÉTRIER, *La tourbe et les tourbières*, page 58.

Composition des tourbes picardes.

ORIGINE	Humidité	Cendres	Azote	Potasse	Acide phosphorique	Carbonate de chaux %
Longueau (près Amiens) (tourbe mousseuse)	20,90	8,0	2,01	0,05	0,14	3,9
Longueau (t. dure)...............	18,05	12,0	2,65	0,076	»	6,75
Corbie (t. mousseuse).............	15,50	7,10	1,17	0,025	0,105	5,0
Corbie (t. dure)..................	16,70	8,40	2,15	0,042	0,01	7,0
Catelet	9,80	49,05	0,58	0,02	»	46,40
Violaines	15,50	5,3	1,48	»	»	»
Thesy	14,00	20,00	2,20	0,04	traces	4,00

On trouve en Picardie trois sortes de tourbes :

Une première compacte et feuilletée provenant de la décomposition d'arbres et de gros végétaux;

Une tourbe mousseuse résultant de la décomposition des prêles, joncs et mousses qui ont poussé sur la tourbe compacte;

Une troisième sorte de tourbe à forte teneur en cendres résultant probablement d'inondations qui se sont produites sur certains points. Les bancs de tourbe mousseuse laissant filtrer l'eau auraient retenu le limon.

Les tourbières de la Somme appartiennent en général aux communes.

Pas-de-Calais. — Les gisements se trouvent particulièrement dans l'arrondissement de Saint-Omer et quelques-uns également dans l'arrondissement de Montreuil.

Aisne. — Les tourbières de l'Aisne ont une très grande importance. Elles sont situées particulièrement aux environs de Quierzy, de Molinchart, de Clacy, de Barisis, de Saint-Quentin et de Laon, ces deux dernières régions étant particulièrement importantes.

L'analyse d'une tourbe des environs de Saint-Quentin a donné les résultats suivants :

Azote	0,61
Potasse	0,52
Acide phosphorique.......	0,10
Chaux	2,10

Deux échantillons provenant des gisements de Laon ont donné, à l'analyse, les résultats suivants (1):

(1) D'après LARBALÉTRIER, *La tourbe et les tourbières.*

COMPOSITION	ÉCHANTILLON	
	n° 1	n° 2
Cendres	25	73
Azote	0,61	0,89
Potasse	0,67	0,33
Acide phosphorique......	0,12	0,10
Chaux	2,27	1,40

Ain et Savoie. — Les tourbières de Lavours ont une étendue de 4 kilomètres carrés. On trouve encore des tourbières dans les régions de Ceyzérieux, de Culoz et des Echets.

Cher. — Il existe des tourbières assez importantes dans la vallée de l'Auron aux environs de Dun et de Contres.

La tourbe est en surface et des recherches ont été entreprises sous la direction de M. Mauger, député rapporteur de la Commission de la tourbe.

Centre. — Il y a des tourbières dans les départements de la Creuse, de la Haute-Vienne, de la Corrèze et de la Vienne. Les tourbières du plateau de Millevaches s'étendent sur plus de 10.000 hectares dans les cantons de Meymac et de Sornac. Dans cette région il convient de citer encore les gisements d'Eymoutiers et de Faux-la-Montagne, partiellement exploités pour les besoins locaux.

Marne. — Les gisements de Saint-Gond et de Pleurs sont seuls importants. A Saint-Gond la densité de la tourbe décroît lorsque la profondeur augmente, ce qui est un cas bizarre, l'inverse ayant lieu normalement.

L'analyse des tourbes de Saint-Gond et de Pleurs, a donné les résultats suivants (1) :

COMPOSITION	SAINT-GOND		PLEURS
	ÉCH. n° 1	ÉCH. n° 2	
Azote	0,022	0,022	0,056
Potasse	0,375	0,891	0,432
Acide phosphorique	0,058	0,221	0,068
Chaux..........	4,59	6,48	1,71
Cendres	17,96	17,28	9,50

Aube. — Il existe deux tourbières dans la vallée de l'Aube à Boulages (commune de Nogent-sur-Seine).

Cantal et Puy-de-Dôme. — Il existe de nombreux gisements, plus ou moins exploités, dans ces deux départements. Le combustible est peu chargé en matières terreuses.

Les tourbières les plus importantes sont situées dans les communes de Landeyrat, Ségur, Lugarde, Montgreleix, Egliseneuve-Entraigues, la Godivelle, Saint-Alyre et Espinchal.

Vosges et Haute-Saône. — Les tourbières de ces deux départements forment un gisement important qui s'étend depuis Lure jusqu'à Épinal.

La teneur en cendres de ces tourbes est faible

(1) D'après LARBALÉTRIER, *La tourbe et les tourbières.*

(de 2 à 3 %) et la teneur en azote varie de 1 à 1,5 %.

Actuellement ces gisements sont exploités à la main pour les besoins de l'armée par des équipes militaires.

Il existe également, dans cette région, des gisements de tourbe de litière qui seraient avantageusement exploités, étant donnée la pénurie de tourbe litière en France. Nous verrons en effet dans la suite, que la tourbe est une litière de grande valeur, bien supérieure à la paille, et qui constitue ensuite un engrais de première qualité.

Dordogne. — Dans la vallée de la Lizonne, il existe une tourbe légère qui constituerait un mauvais combustible, mais qui pourrait avantageusement être employée comme litière. Les gisements les plus importants sont situés sur les communes de Vendoire, de Nanteuil et d'Auriac. Les analyses effectuées sur ces tourbes ont donné les résultats suivants :

Cendres 6,40
Carbonate de chaux.......... 6,00
Peroxyde de fer............. 0,08
Potasse .... traces
Acide phosphorique......... 0,02
Silice et argile............ 0,30

Isère. — Les principaux gisements de ce département sont situés dans les régions de Bourgoin, de la Tour-du-Pin et de Vienne. Ils sont exploités depuis longtemps pour les besoins locaux.

Jura. — Ce département contient un grand nombre de tourbières, dont les plus importantes sont celles de Nozeroy et de Blef-du-Bourg (1). Elles sont

(1) LARDALÉTRIER, *loc. cit.*, page 65.

exploitées pour les besoins locaux et pour la fabrication des sous-vêtements et des matelas.

Analyse de tourbes de Bief-du-Bourg (Jura).

COMPOSITION	COUCHE		
	SUPERFICIELLE	MOYENNE	INFÉRIEURE
Humidité.........	14,50	16,00	11,70
Cendres	3,1	10,5	50,00
Azote............	0,68	1,61	1,11
Acide phosphorique	traces	»	0,03
Potasse	0,01	0,008	0,01
Carbon^{ate} de chaux	1,0	2,0	2,50

Tourbières étrangères. Il existe des tourbières importantes en Hollande, en Allemagne, en Russie, au Danemark, en Suède, en Irlande, au Canada, aux États-Unis, au Brésil, etc. Nous n'entreprendrons pas l'étude des gisements de ces divers pays, une telle description sortant du cadre de notre ouvrage.

L'industrie de la tourbe est très prospère en Suède, au Danemark, en Hollande (ce pays est le fournisseur de la presque totalité des nations du globe pour la tourbe litière), en Irlande, au Canada et aux États-Unis.

Les sociétés tourbières. De nombreuses sociétés d'études tourbières existent dans ces pays, leur but étant la recherche des perfectionnements dans le matériel et les procédés d'exploitation.

Parmi ces sociétés nous citerons particulièrement :

La Canadian Peat Society (Canada).

L'American Peat Society (Étas-Unis).

L'Irish Peat Society (Irlande).

La Svenska Mosskulturforening (Suède).

La Del Norska Myrslskab (Norvège).

La Hedesels Kabet et la Mosesels Kabet (Danemark).

La Finska Mosskulturforennigen (Finlande).

La Verein zur Forderung del Moorkultur in Deutschen Reiche (Allemagne).

La Deustch Osterreichische Moorverein (Autriche).

Enfin la France n'est pas restée en arrière et dernièrement il s'est constitué, à Paris, la Chambre syndicale de la tourbe et du lignite, qui déploie une grande activité.

CHAPITRE II

PROSPECTION DES TOURBIERES

Prospection. La recherche des tourbières est une chose très simple et qui ne nécessite aucune science particulière, la tourbe affleurant généralement à la surface du sol. Il existe cependant des cas où la couche tourbeuse est recouverte ainsi qu'en témoigne la curieuse anecdote suivante rapportée par Larbalétrier (1). Le fait s'est passé au mois d'octobre 1900, dans le département de la Haute-Marne :

A proximité du village de Vignory, sur le territoire de Lomancine, entre la route nationale et la voie ferrée, dans un contre-bas de la plaine, se trouve une étroite prairie où émergent en temps ordinaire de nombreuses sources. Au milieu de cette prairie, on remarque une sorte de fondrière paraissant avoir été autrefois un étang et qui est entourée de peupliers de moyenne grosseur.

(1) LARBALÉTRIER, *loc. cit.*, page 96.

Des enfants occupés à la garde des troupeaux ayant allumé du feu en cet endroit, sur la terre nue, le lendemain le foyer de la veille était éteint, mais de la fumée s'échappait en plusieurs endroits où la terre était brûlante.

Quinze jours après, la combustion durait encore, mais avec plus d'intensité, sur une surface d'environ vingt mètres carrés; la couche de terre supérieure était entièrement calcinée.

Le foyer de la combustion paraissait exister à une profondeur de plus d'un mètre, il était surtout intense au pied de chaque arbre, les racines divisant l'amas de tourbe et permettant à l'air de pénétrer dans le sol; aussi ces arbres, dont les racines furent vite carbonisées, finirent-ils par tomber de côté et d'autre, quelle que fût leur grosseur. C'était une tourbière fournissant un excellent combustible dont la découverte avait ainsi été effectuée d'une façon fortuite.

La tourbière étant découverte il convient encore de se rendre compte si elle est avantageusement exploitable. Pour cela il y a lieu de mesurer l'épaisseur de la couche et son étendue et de faire l'analyse du combustible.

M. A. Lancouchez considère comme une tourbière digne de ce nom une étendue de 25 à 30 hectares, d'une profondeur moyenne et régulière de 3 mètres et ne laissant, à la combustion, pas plus de 20 % de cendres. Nous croyons cependant qu'une étendue de tourbière de 15 à 20 hectares peut déjà être exploitée d'une façon intéressante.

Outils employés pour les sondages. La mesure de la profondeur de la couche de tourbe et le prélèvement des échantillons s'effectuent au moyen de sondes à tige graduée composée de plusieurs barres d'un mètre de longueur qui se vissent bout à bout. À leur extrémité supérieure ces barres sont percées d'un œillet dans lequel on introduit une tige métallique sur laquelle deux hommes exercent un effort de traction en lui imprimant un mouvement de rotation.

La figure 2 représente quatre types de sondes :

A) La tarière à glaise;

B) Sonde pour terrains aqueux;

C) Sonde pour marais renfermant du sable ou des pierrailles ;

D) Sonde pour recherches exactes.

Ce dernier modèle comporte une fenêtre glissant dans les rainures $a b$, de sorte que lorsque la profondeur voulue est atteinte, il suffit d'imprimer un mouvement de rotation de gauche à droite à la sonde pour fermer la fenêtre et rapporter un échantillon qui n'aura pas été souillé par le contact des couches superposées pendant le relèvement de l'appareil.

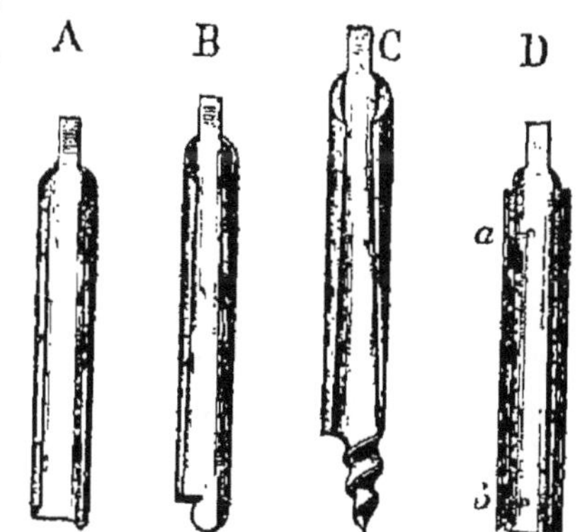

Fig. 2. — Divers types de sondes employées dans la prospection des tourbières.

Pour prospecter le terrain tourbeux, on commence par tracer à sa surface des lignes parallèles, distantes de 200 à 400 mètres, suivant la qualité de la tourbe

et la superficie de la tourbière. Sur ces parallèles et
à des intervalles de 200 mètres, ou moins si le terrain
est très accidenté, on pratique des prélèvements
d'échantillons. On note la profondeur de la tourbière
et la profondeur de la couche mousseuse. Toutes les
indications sont reportées sur un plan de la tourbière
à côté des cotes d'altitude des différents points de
sondage.

Une autre méthode de prospection, convenant bien
aux tourbières de petite étendue, consiste à partir
d'un point initial (fig. 3) et à compter cinquante pas

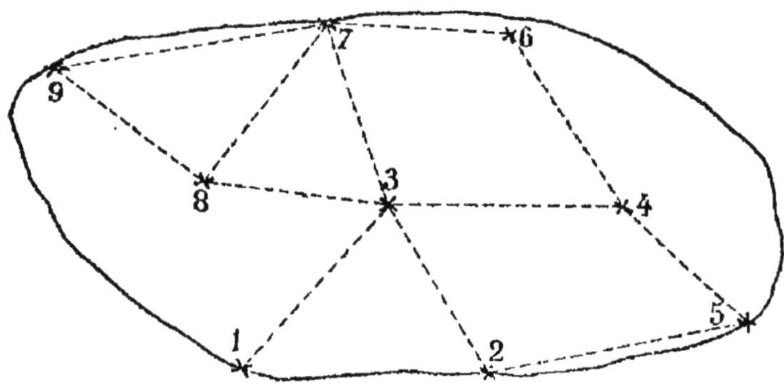

Fig. 3. — Méthode de prospection des tourbières par cheminement.

pour atteindre un point 2, situé sur le bord de la tourbière. Puis on prend un point 3, situé approximati-
vement à cinquante pas de 1 et 2 et l'on procède
ainsi de proche en proche.

Les échantillons prélevés un même jour sont, dans
le cas d'une profondeur régulière et d'une formation
organique homogène, mélangés en un seul échantillon
général. Lorsque la profondeur est irrégulière, la

profondeur de prélèvement et le point sont soigneusement notés sur chacun des échantillons qui sont conservés et analysés séparément.

Analyse des échantillons de tourbe. — L'analyse d'un échantillon de tourbe ne présente rien de particulier, c'est une analyse de combustible ordinaire dont peut se charger tout laboratoire de chimie. Il existe d'ailleurs à Paris, auprès du ministère de l'Armement, un service qui se charge gratuitement de ce genre de travaux. Nous n'entrerons pas dans le détail de ces opérations qui appartiennent au domaine de la chimie, mais nous donnerons simplement quelques indications sur la méthode employée.

Dosage de l'humidité. — On prend 2 grammes de tourbe séchée à l'air, on pulvérise et pèse très exactement et place dans une capsule de platine à fond plat préalablement tarée. On chauffe à l'étuve à 100 degrés en ayant soin de ne pas dépasser cette limite. Au bout de deux ou trois heures la perte de poids devient constante. On fait une nouvelle pesée exacte du produit restant et la différence, ou perte de poids à l'étuve multipliée par 50, donne la proportion d'humidité pour cent.

Dosage des matières volatiles. — On place 5 grammes de tourbe desséchée à l'air dans un creuset de platine que l'on couvre de son couvercle et chauffe au rouge dans un four à moufle pendant une heure ou sur un bec Meker pendant dix minutes. On laisse refroidir et pèse le produit restant. De la perte de poids trouvée on retranche la perte due à l'humidité. En multipliant la différence par 20 on obtiendra la teneur pour cent de l'échantillon de tourbe étudié en matières volatiles.

Dosage des cendres. — On pèse 5 grammes de tourbe desséchée à l'air et finement pulvérisée que l'on place dans un creuset de platine, ou mieux dans une capsule, dont on aura fait la tare au préalable.

On chauffe au four à moufle, modérément d'abord, puis on atteint peu à peu le rouge. On maintient cette température jusqu'à ce que toute la masse soit transformée en cendres. On active cette transformation en augmentant la surface de contact de la substance et de l'air en remuant au moyen d'un fil de platine. Lorsque la transformation en cendres est complètement opérée on enlève la capsule du four et laisse refroidir, puis on pèse à nouveau. L'augmentation de poids de la capsule donnera le poids des cendres laissées par l'échantillon. Il suffira de multiplier ce poids par 20 pour obtenir la teneur pour cent en cendres.

L'analyse chimique permet de se rendre compte que la composition de la tourbe varie dans de larges limites. La composition des tourbes pures, c'est-à-dire débarrassées de cendres varie dans les proportions suivantes (1) :

Carbone	de 58 à 63 %
Hydrogène	— 6 à 5,5 —
Oxygène (y compris 1 à 2 % d'azote)	— 36 à 31,5 —

M. Regnault (2) a étudié la composition de diverses

(1) LANBALÉTRIER, *La tourbe et les tourbières*, page 39.
(2) *Annales des mines*, 1839, vol. XII.

tourbes de Picardie et des Vosges et a obtenu les
résultats consignés dans le tableau suivant :

Composition élémentaire de diverses tourbes.

ORIGINE	TOURBE SANS CENDRES			CENDRES	OBSERV.
	C	H	O et Az		
T. de Vulcaire (Abbeville brun noir).	60,4	5,96	33,64	5,58	
T. de Long (Abbeville brun noir).	60,89	6,21	32,90	4,61	2,21 % Az
T. de Fromont (Vosges)...	61,00	6,05	32,50	5,33	

Le tableau ci-après indique la composition d'un
certain nombre de tourbes françaises et étrangères :

TABLEAU

Composition de diverses tourbes françaises et étrangères.
(Tourbes sèches.)

ORIGINE	CARBONE	CENDRES	MATIÈRES VOLATILES
Crouy (Seine-et-Marne) ...	23,7	11,5	64,8
Ham (Somme)............	18,5	11,7	69,8
Vassy (Haute-Marne)....	23,3	7,2	69,5
Vulcaire (Abbeville).....	57,03	5,58	37,39
Lanoraie (Canada)......	26,4	9,2	64,4
Leparc (Canada)........	27,8	2,7	69,5
Cappoge (Irlande).......	51,05	2,55	46,40
Kulbeggen (Irlande).....	61,04	1,83	37,03
Rammstein (Palatinat)..	62,15	2,70	35,15
Niedermoor (Palatinat)..	47,90	3,50	48,60
Frise	57,16	3,80	39,04
Hollande	50,85	14,26	34,89
Neufchatel	46,78	20,28	32,94
Suisse	40,10	7,87	52,03

Détermination du pouvoir calorifique. — On distingue : la puissance calorifique absolue supérieure, la puissance calorifique inférieure et la puissance calorifique spécifique. Nous n'entrerons pas dans la distinction de ces diverses quantités pour laquelle nous renverrons le lecteur aux traités spéciaux (1).

(1) L. MARCHIS, *Production et utilisation des gaz pauvres,* (1908). — ARTH., *Sur l'évaluation du pouvoir calorifique des houilles et autres combustibles hydrogénés.* Revue de Métallurgie (1906). Bulletin de la Société d'encouragement pour l'Industrie nationale.

La détermination de la puissance calorifique s'effectue au laboratoire au moyen des bombes calorimétriques par les procédés Mahler (1), Parr (2), Wallace, Lewis Thompson, etc.

Détermination du pouvoir absorbant des tourbes mousseuses. — La détermination du pouvoir absorbant d'une tourbe mousseuse est une opération très importante lorsque la matière doit être utilisée pour la confection des litières. Le pouvoir absorbant permettra, en effet, de juger la valeur de celle-ci. Nous indiquerons ici la méthode d'analyse prescrite par le ministère de l'Agriculture de Suède dans un décret en date du 18 mai 1910 :

Les échantillons sont pris dans différentes parties de la tourbière, dans chaque couche, et tenus séparés (3). La profondeur du prélèvement de chaque échantillon est notée. Seuls les échantillons prélevés à une même profondeur peuvent être mélangés, s'ils sont de composition homogène.

Le poids des échantillons ne doit pas dépasser 1 kilogramme. Les échantillons de tourbe litière fabriquée sont prélevés sur chaque dixième balle si l'analyse doit porter sur une quantité importante, sur chaque troisième balle lorsqu'il ne s'agit que de petites quantités. Les échantillons doivent être pris

(1) MAHLER, *Contribution à l'étude des combustibles ; détermination industrielle de leur pouvoir calorifique.* Bulletin de la Société d'encouragement à l'Industrie nationale, t. XCI (1892), page 319. — MARCHIS, *loc. cit.*, page 34.

(2) LUNGE, *Uber das Verfahren von Parr zur Bestimmung des Heizwertes von Brennstoffen-Zeitsch. fur angew. Chemie,* (1901), page 793.

(3) A. ANREP, *Recherches sur les tourbières et l'industrie de la tourbe au Canada,* (1911-12), page 39.

à l'intérieur des balles à trois endroits. Dans ce but, il faut ouvrir les balles ou enlever à leur surface une épaisseur de 25 à 30 centimètres de tourbe.

On peut également utiliser des perforateurs spécialement établis dans ce but. Les échantillons prélevés sont mélangés aussitôt.

Au laboratoire les échantillons subissent les opérations suivantes :

Les échantillons de tourbe litière prélevés directement dans la balle sont divisés en morceaux de la grosseur d'une noix et séchés dans une chambre ou dans un four à une température n'excédant pas 60 degrés, jusqu'à ce qu'ils semblent complètement secs au toucher.

Les échantillons de tourbe litière fabriquée qui ne sont pas immédiatement analysés doivent être conservés de façon à ne pas modifier leur teneur en humidité. Les plus gros morceaux d'échantillons sont cassés et coupés et passés à travers un tamis à mailles de 2 centimètres. Si après ce traitement il reste encore des fibres dans le tamis on doit les retirer, les couper à nouveau.

Les échantillons passés au tamis sont bien mélangés ensemble et soigneusement étalés. On y prélève immédiatement de nouveaux échantillons pour la détermination de leur coéfficient d'humidité et de leur pouvoir absorbant.

La détermination du pouvoir absorbant s'effectue de la façon suivante :

On prend un échantillon de 30 grammes de tourbe sur lequel on précipite un litre d'eau bouillante; on agite jusqu'à ce que la tourbe se rassemble au fond du vase. Après une immersion d'au moins 6 heures l'eau est décantée et la masse de tourbe versée dans un mortier et broyée au pilon; puis l'eau de décantation est versée à nouveau.

En agitant avec la main on ne doit plus alors sentir aucun morceau de tourbe, mais seulement des fibres détachées. On verse dans un panier gradué de forme cubique, d'une capacité d'un litre et fait de mailles de fil de fer de 0,2 à 1 millimètre. La substance tourbeuse entraînée par l'eau à travers les mailles du panier est recueillie et vidée dans le panier puis repassée au tamis. Il n'importe plus alors que le liquide contienne en suspension quelques parcelles de tourbe.

Le panier est ensuite incliné à 45 degrés au moyen d'un coin et abandonné dans cette position jusqu'à ce qu'il s'écoule moins d'une goutte d'eau par minute. Le panier est alors pesé.

Pour la tourbe litière brute le pouvoir absorbant est calculé sur l'échantillon absolument sec ou à 30 % d'humidité. Pour la tourbe litière fabriquée, le pouvoir absorbant est calculé sur la teneur en humidité réelle des échantillons.

Le pouvoir absorbant est obtenu en faisant la différence de poids entre l'échantillon original et l'échantillon saturé d'humidité et rapportant cette augmentation de poids à l'unité de poids de l'échantillon original.

Pour déterminer le pouvoir absorbant en se basant sur une teneur en humidité de 30 % on utilise la formule suivante :

$$_{03}A = 0,7 \times A_o - 0,3$$

formule dans laquelle:

A_{30} représente le pouvoir absorbant d'un échantillon ayant une teneur en humidité de 30 % ;

Ao le pouvoir absorbant d'un échantillon absolument sec.

CHAPITRE III

EXPLOITATION DES TOURBIÈRES
EXPLOITATION A LA MAIN

L'exploitation à la main est encore très pratiquée en France bien qu'elle soit d'un mauvais rendement et complètement abandonnée par les pays d'extraction intensive, tels que le Canada.

Outillage. L'outillage pour l'extraction à la main est très simple. Il se compose, suivant les cas, de bêches ordinaires ou de petits louchets, de grands louchets ou de dragues.

Petit louchet. — Le petit louchet, connu et employé de temps immémorial pour l'extraction de la tourbe, est une sorte de bêche spéciale, portant, sur un côté, un aileron de largeur égale à celle du fer de la bêche et faisant, avec celui-ci, un angle

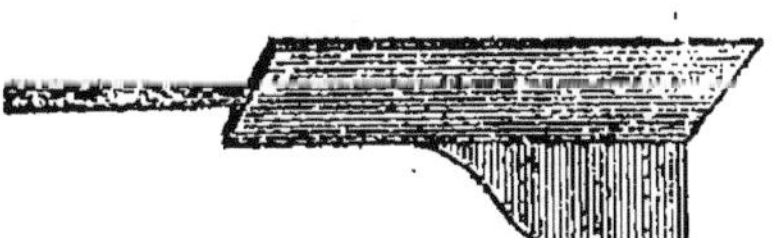

FIG. 4. — Petit louchet.

légèrement plus grand qu'un angle droit. La figure 4 représente un outil de ce genre.

Grand louchet. — Le grand louchet est encore une bêche, mais comportant des parois sur les deux côtés

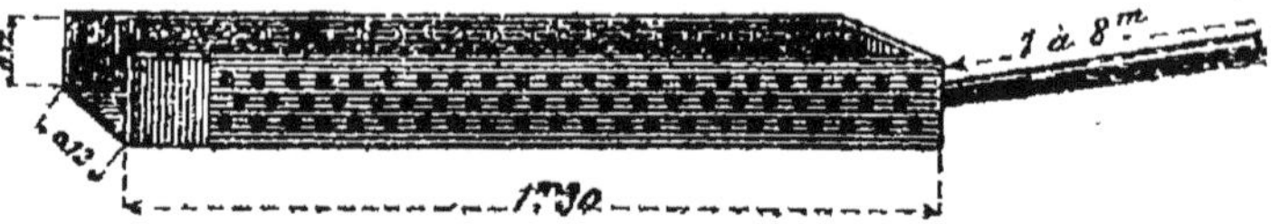

FIG. 5. — Grand louchet à main.

longitudinaux (fig. 5) et une autre paroi transversale à la partie supérieure. Les deux parois longitudinales sont en tôle perforée, la paroi transversale en tôle pleine. L'outil comporte en outre un manche de grande longueur correspondant aux besoins auxquels répond cet outil.

Parfois, également, l'outil comporte un bâti en fer (fig. 6) perforé dans lequel coulisse la bêche.

Drague. — C'est une sorte d'épuisette composée d'un cercle d'acier à bord tranchant (fig. 7) et d'un filet de corde rendu imputrescible par immersion dans une solution de tannin. Parfois aussi le filet est métallique.

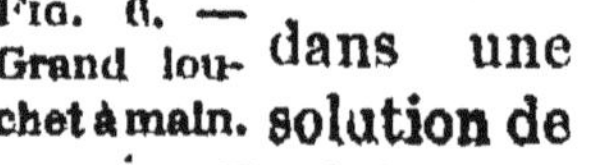

FIG. 6. — Grand louchet à main.

FIG. 7. — Drague à main.

Méthodes d'extraction. Lorsque la configuration du terrain le permet il est avantageux d'effectuer un drainage au moyen d'un réseau de canaux ou tranchées, se coupant à angle droit. L'eau s'écoule, grâce à la pente naturelle du terrain et, si le drainage a été commencé une année environ avant la mise en exploitation, celle-ci est grandement facilitée.

Le drainage peut s'effectuer par les procédés ordinairement employés en agriculture, mais il est plus avantageux d'utiliser des drains en tourbe fabriqués sur le lieu même.

Pour la fabrication de ces drains, on utilise un louchet à section spéciale représentée sur la figure 8. On découpe ainsi des éléments que l'on superpose sur le

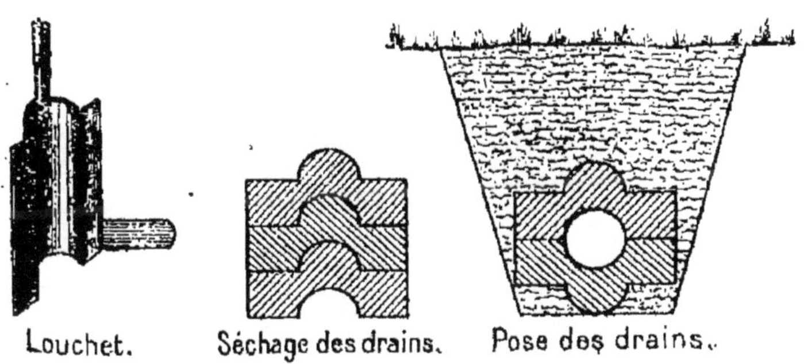

Fig. 8. — Drains de tourbe.

terrain de séchage. De cette façon ils sèchent sans se fendiller à condition qu'ils ne soient pas directement exposés aux rayons d'un fort soleil. Au bout de quelques jours, lorsque la tourbe est suffisamment sèche, on constitue les drains de la façon représentée par la figure. On creuse une tranchée à bords obliques d'une profondeur de 1 m. 50 environ et, sur un lit de tourbe de surface, on dispose les drains; puis on comble avec de la tourbe de même qualité. Au fur et à mesure de l'assèchement du sol le niveau de la tourbière baisse. En six mois il s'affaisse de 50 à 80 centimètres suivant la nature de la tourbe et les conditions climatériques.

En Allemagne, à Wiesmoor, on a supprimé les drains. L'assèchement se fait par la méthode hollandaise, simplement au moyen d'un réseau de tranchées et de canaux de 1 mètre à 1 m. 50 de profondeur se déversant dans un canal principal. Ces canaux servent en outre à délimiter et à séparer les parcelles de terrain de chacun des sous-exploitants (fig. 9).

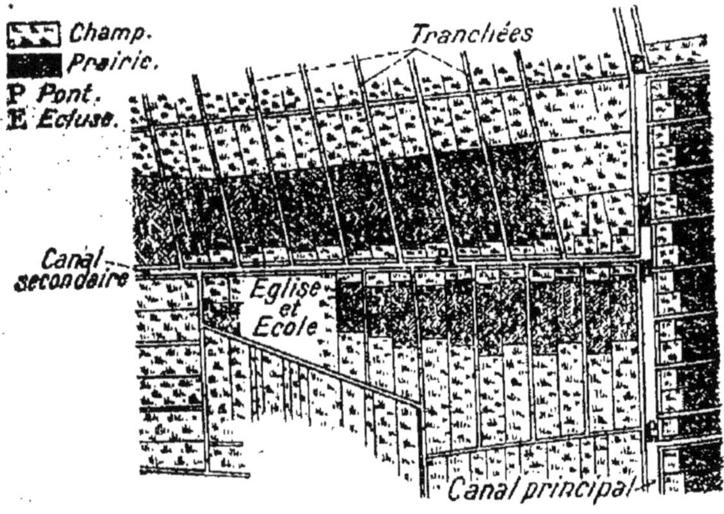

FIG. 9. — Exploitation des tourbières. — Méthode hollaandise.

C'est également un peu le mode d'assèchement des hortillonages de la Somme.

L'année qui suit la mise en drainage de la tourbière l'exploitation de la tourbe peut être entreprise. La saison pendant laquelle l'extraction à la main peut s'effectuer est d'assez courte durée, la pluie et le froid interdisant le séchage pendant une grande partie de l'année. Généralement la saison commence en avril ou mai pour se terminer en septembre.

L'extraction commence par piquage au petit louchet. (Il est bien entendu que nous nous occupons toujours actuellement des tourbières asséchées.) Les piqueurs pratiquent des tranchées de 4 à 5 mètres de large et parallèles entre elles en commençant par la partie de la tourbière dont le niveau est plus bas. De la sorte l'assèchement naturel se continue automatiquement pendant toute la durée de l'exploitation.

La terre de recouvrement et la tourbe de surface non susceptible d'emploi comme combustible sont d'abord écartées. On les entasse généralement dans une partie de la tourbière où on les retrouvera plus tard lorsque, le combustible ayant été extrait, on mettra les terrains en valeur. La tourbe de surface constitue en effet, ainsi que nous le verrons plus loin, un excellent engrais.

L'extraction s'effectue alors par banquettes, gradins ou redans. Il est en général préférable de piquer la tourbe horizontalement plutôt que verticalement.

Le piqueur jette les « pointes » au fur et à mesure sur le bord de la tranchée où des femmes et des enfants en assurent les manutentions ultérieures.

Lorsque la couche de tourbe est épaisse, il arrive que l'ouvrier placé au fond de la tranchée ne peut plus lancer ses pointes au niveau supérieur. On établit alors un ou plusieurs relais intermédiaires, de façon

à assurer aux pointes une manipulation sans chocs
qui en amèneraient le bris.

De plus, il arrive presque toujours qu'à partir
d'une certaine profondeur l'eau fait son apparition.
On en assure alors l'évacuation soit d'une façon un
peu primitive en la rejetant hors de la tranchée au
moyen d'écopettes, soit au moyen d'une pompe aspi-
rante et foulante installée sur le bord de la tranchée.
Ce dernier procédé diminue en outre la perte de temps
occasionnée par la nécessité d'évacuer chaque matin
l'eau qui s'est accumulée pendant la nuit dans la
tranchée d'extraction.

Dans ce cas, lorsque la profondeur est assez grande
ou lorsque l'eau fait son apparition, on peut également faire usage du grand louchet.

Cet outil est manié par deux hommes qui l'enfon-
cent à la profondeur convenable, puis le relèvent en
lui imprimant un mouvement de bascule. On ramène
un prisme ayant la section des briquettes et qu'il
suffit de découper à la largeur convenable. Ce travail
est effectué sur le bord de la tranchée par des
femmes.

Le grand louchet a l'inconvénient d'extraire simultanément des tourbes de profondeur différente et
n'ayant pas, par conséquent, la même valeur. L'extraction est en outre compliquée lorsque l'épaisseur
de tourbe se trouve coupée de bancs terreux, ce qui
est un cas assez fréquent.

Un bon tireur à la main au louchet extrait par jour
4.200 pointes, ce qui représente environ 10 à 12 mètres cubes ou 10 tonnes de tourbe fraîche et 2 à 3 tonnes de tourbe sèche, mais le recrutement de la main-
d'œuvre pour ce genre d'exploitation est devenu très

difficile. Aussi est-il préférable de compter sur un rendement beaucoup moindre.

Dans les marais tourbeux où l'assèchement est impossible et où la couche de tourbe est complètement noyée on emploie la drague à main. L'ouvrier placé sur un batelet dépose la tourbe fraîche dans celui-ci. Le malaxage, dont nous verrons l'utilité plus loin, peut d'ailleurs s'effectuer dans la barque, même par le procédé primitif au pied.

Lorsque la tourbe n'est pas submergée, l'ouvrier se place alors sur des planches qu'il place devant lui au fur et à mesure qu'il avance, et vide sa drague dans une brouette que des manœuvres emmènent sur un chemin de planches.

Dans certains endroits où la tourbe est très diluée, on la puise au moyen de seaux.

Traitement et séchage. Le séchage de la tourbe est l'une des questions les plus difficiles à résoudre dans les exploitations de tourbières. Nous verrons plus loin, au chapitre du traitement mécanique, que le séchage est facilité par le malaxage préalable de la matière. En outre ce malaxage en présence d'eau a l'avantage de permettre le nettoyage de la tourbe et la séparation de la terre, du sable et des cailloux qui souvent s'y trouvent mêlés et en augmentent là teneur en cendres en même temps qu'ils abaissent son pouvoir calorifique.

Jadis le malaxage s'effectuait par piétinement. Ce procédé primitif est aujourd'hui complètement abandonné en raison des dangers qu'il présente pour les ouvriers. La tourbe renferme en effet un certain nombre d'acides organiques, plus ou moins bien

définis, qui ont une action corrosive et tannante très
vive. Le contact prolongé de la tourbe amène chez les
ouvriers des accidents se traduisant par des crevasses
très douloureuses, la suppression de la porosité de
la peau et, par suite, de l'exsudation, ce qui cause des
rhumatismes aigus.

L'acide ulmique de la tourbe, en outre, produit sur
la peau la même action que le tannin. La manipulation de la tourbe est donc dangereuse et doit être
soigneusement évitée. C'est pourquoi on devra déve-

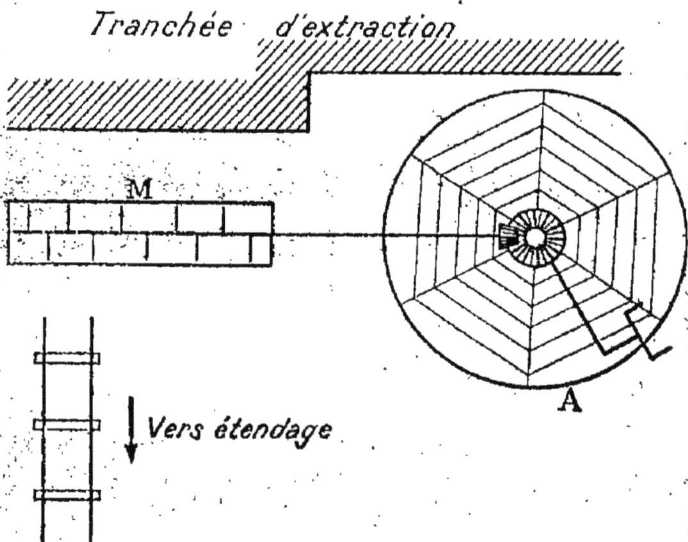

Fig. 10. — Atelier de malaxage.

lopper, dans les exploitations, les procédés de manutention mécanique et réduire au minimum les manutentions à la main.

L'atelier de malaxage sera avantageusement situé

à proximité de la tranchée d'extraction et déplacé au fur et à mesure de l'avancement de celle-ci.

Un atelier très simple consistera en un malaxeur M (fig. 10) actionné par un manège à cheval A.

La tourbe ainsi traitée est chargée dans des brouettes ou mieux encore dans des wagonnets sur voie portative, et transportée aux champs de moulage et de séchage.

Le moulage en briquettes peut s'obtenir de différentes façons :

1° Lorsque la tourbe est extraite au louchet, les pointes ont la forme définitive de la briquette. Il suffit d'en effectuer le séchage.

Pour cela elles sont transportées au lieu d'étendage en les manipulant avec soin pour éviter qu'elles ne se brisent. Les wagonnets ou brouettes doivent être déchargés soigneusement en prenant les briquettes une à une et non en basculant le wagonnet.

Pour réduire au minimum le prix de revient, le champ de séchage devra être aussi rapproché que possible de la tranchée d'extraction. C'est généralement une partie de la tourbière déjà exploitée ou non encore exploitée, mais suffisamment asséchée.

Les briquettes déchargées sont rangées en pyramides dites *rentelets* ou *cantelets* suivant qu'elles sont au nombre de 5 ou 6 à la base (ce qui constitue un total de 15 ou 21 briquettes par pile). L'écartement des piles est d'une demi-semelle ou d'une semelle suivant que le terrain est plus ou moins sec (1).

Parfois au lieu d'effectuer le premier séchage des

____

(1) E. DUBOSC, *Traité complet de la tourbe*, page 77.

tourbettes en pile on les adosse deux par deux sur le terrain de séchage et on effectue le retournement en temps utile (1).

Au bout de 15 à 30 jours, suivant la teneur de la tourbe en humidité et surtout suivant l'état atmosphérique, la tourbe est *couennée*, c'est-à-dire que la surface desséchée forme une croûte d'une certaine résistance qui donne une plus grande solidité aux briquettes. Celles-ci peuvent alors être manipulées plus aisément.

On les met ensuite en *lanternes*, en *monts*, ou en *haies*. Les « lanternes », qui constituent le meilleur mode de séchage, sont des cônes dont la circonférence de base comporte 7 à 8 briquettes. L'intérieur du cercle est également rempli, puis sur ce premier plan on en élève un second, en retrait de l'épaisseur d'une briquette. On continue ainsi jusqu'au sommet. De temps en temps on constitue des fenêtres d'aération en plaçant les briquettes de champ. Ces fenêtres ne doivent d'ailleurs être pratiquées que lorsque, la saison s'avançant et les conditions climatériques étant défavorables, il devient nécessaire d'activer le séchage. Mais au cours de la saison on devra au contraire laisser le séchage s'effectuer le plus lentement possible; les briquettes obtenues sont alors plus consistantes et moins susceptibles de reprendre de l'humidité.

Les « monts » sont des tas à section triangulaire de longueur variable ayant une largeur de 0 m. 60 à la base sur 0 m. 80 de haut. Les « haies » sont constituées par une double rangée de tourbettes adossées sur les

(1) E. NYSTRÖM, *Tourbe et lignite. Leur fabrication et leur emploi en Europe.*

quelles on élève une muraille de briquettes disposées en diagonales, les diagonales étant contrariées.

La dernière opération du séchage est l'*empilage*. Il est assez difficile de déterminer le moment précis où cette opération doit avoir lieu; seule une longue pratique des tourbières en donne la possibilité.

Si l'opération est prématurée la tourbe s'échauffe et fermente. Il convient alors de désempiler pour recommencer plus tard, d'où manipulations inutiles, augmentation des déchets et élévation du prix de revient du combustible.

Si l'empilage est tardif la tourbe trop sèche est friable et tombe en poussière. Il se produit donc un déchet important et l'action sur le prix de revient est la même que précédemment.

Donc le moment de l'empilage ayant été convenablement choisi suivant l'état de dessiccation des briquettes on détermine sur le terrain un emplacement sec sur lequel on trace les piles. La *pile* est une mesure commerciale dans les transactions concernant la tourbe en briquettes. Sa valeur est variable d'une localité à l'autre. Il est préférable d'établir les piles longues plutôt que larges.

Le tracé de la pile ayant été effectué sur le terrain, on en limite les contours par une rangée de tourbettes puis on remplit l'intérieur de la base. Sur cette base on établit une deuxième couche en retrait de l'épaisseur d'une briquette sur la première. On continue de la sorte jusqu'à la hauteur convenable. On a alors un tronc de pyramide qui constitue la pile.

Il convient de protéger la pile contre les effets des intempéries : pluie, neige, gelée.

La pluie et la neige n'ont cependant pas une très

grande influence sur la tourbe désséchée à l'air. Celle-ci n'est, en effet, plus hygrométrique. Néanmoins, il est préférable d'éviter de la mouiller et de plus la gelée a une très forte action sur la tourbe. Une tourbe gelée tombe en poussière dès qu'on la saisit et devient alors inutilisable. Dans les foyers, elle est entraînée dans la cheminée avant d'être complètement brûlée et son rendement est ainsi très mauvais.

Il convient donc de protéger les piles contre la pluie et la gelée. Pour cela on recouvre le tronc de pyramide d'une couverture de tourbe non moulée puis d'un toit fait de roseaux ou, mieux encore, de litière. Il est également avantageux de rigoler le terrain entre les piles, de façon à évacuer l'eau de ruissellement.

Ainsi empilée la tourbe peut attendre longtemps les besoins de la consommation et ne redoute pas les effets des intempéries de la mauvaise saison.

Au fur et à mesure des besoins les piles sont défaites et, lorsque les briquettes ont été retirées, il reste sur l'emplacement une certaine quantité de déchets constituée par de la poudre de tourbe. Ce poussier de tourbe, ainsi que nous le verrons plus loin (voir page 179), a une très grande valeur au point de vue agricole, car il constitue un engrais excellent.

Le mode de séchage des tourbettes que nous venons d'indiquer présente le sérieux inconvénient de dépendre de l'état atmosphérique. Une mauvaise saison peut ainsi compromettre complètement les résultats de l'exploitation.

C'est pourquoi, pour se rendre indépendant des conditions climatériques, il est avantageux, et cela particulièrement dans les pays à pluies fréquentes, d'effectuer le séchage des tourbettes dans des hangars à étagères analogues à ceux utilisés en briquetterie (fig. 11).

2° Lorsque la tourbe est extraite à la drague, elle est, suivant le cas, jetée sur le bord du marais ou déversée dans le bac qui en effectue ainsi le transport jusqu'à l'atelier de malaxage.

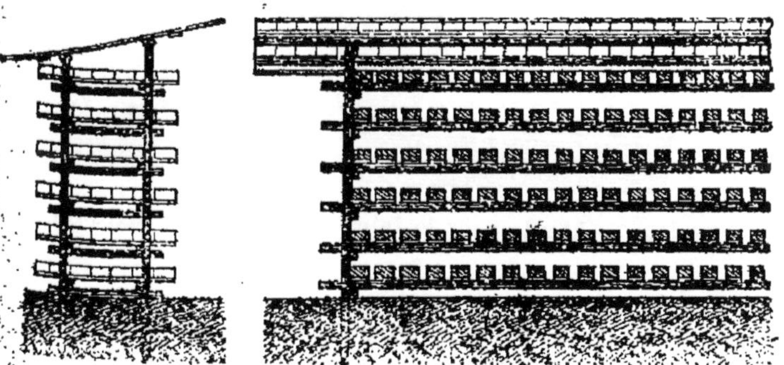

Fig. 11; — Hangar de séchage pour briquettes de tourbe.

Une fois malaxée la tourbe passe au champ de moulage et de séchage. Deux procédés principaux sont employés :

A) La tourbe fraîche est transportée au terrain de séchage où elle est étendue en un gâteau d'épaisseur uniforme de 10 centimètres environ. Lorsque l'action de l'air et du soleil a déjà un peu durci la surface, et qu'il est possible d'y circuler au moyen de planches, on découpe alors ce gâteau aux dimensions des briquettes qui sont retournées sur place, puis, finalement, empilées comme il vient d'être dit.

B) La tourbe fraîche est immédiatement transformée en briquettes au moyen de moules ou de machines à mouler.

Les moules (fig. 12) sont constitués par des cadres en bois à compartiments. On remplit le moule de tourbe rendue liquide par addition d'une grande

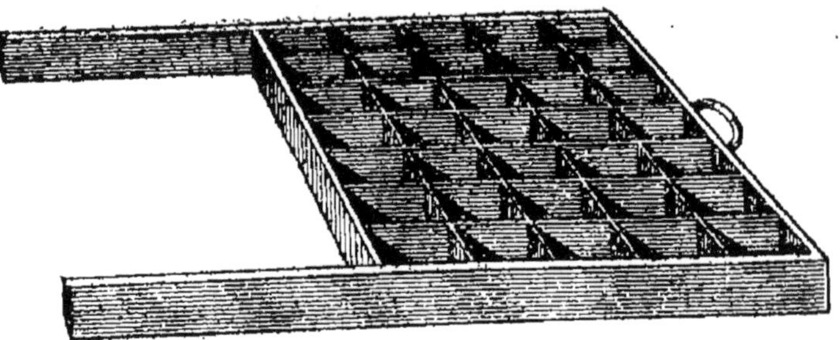

Fig. 12. — Moule pour la fabrication des briquettes de tourbe.

quantité d'eau et on égalise la surface au moyen d'un râcloir en bois. On transporte alors sur le lieu de séchage et au bout de 10 à 12 minutes on démoule en donnant des chocs au châssis. Les briquettes tombent ainsi directement sur l'aire de séchage et n'ont plus aucune manutention à subir, si ce n'est pour les opérations ultérieures du retournement et de la mise en tas. Avec un personnel composé de 4 à 6 hommes il est possible, par cette méthode, d'obtenir un rendement de 5 à 8 tonnes de tourbe séchée à l'air par jour.

Un bon mouleur avec un moule à 4 briquettes fait en moyenne un millier de briquettes à l'heure (1).

Le moulage de la tourbe en briquettes peut également se faire à l'aide d'une mouleuse (fig. 13). Cette

(1) LABBALÉTRIER, *La tourbe et les tourbières*, page 113. — G. FRANCHE, *La Tourbe*, Revue de Chimie industrielle (juin 1917), page 147.

machine a la forme d'une brouette dans la caisse de laquelle fonctionne une chaîne à godets. La partie supérieure, par laquelle est versée la tourbe, com-

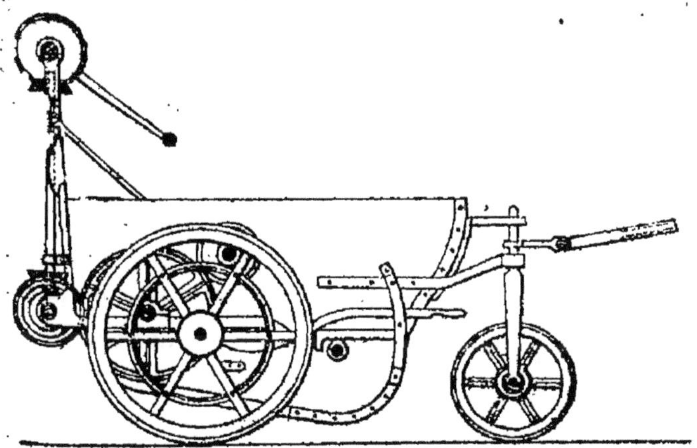

FIG. 13. — Machine à mouler les briquettes de tourbe.

porte des bords évasés. L'appareil est monté sur un châssis à 3 roues, la roue d'avant ayant uniquement pour but de guider; de façon à déposer les briquettes sur un même alignement. Le fond de la caisse comporte une ouverture par laquelle les briquettes sont déposées sur le sol après une légère compression

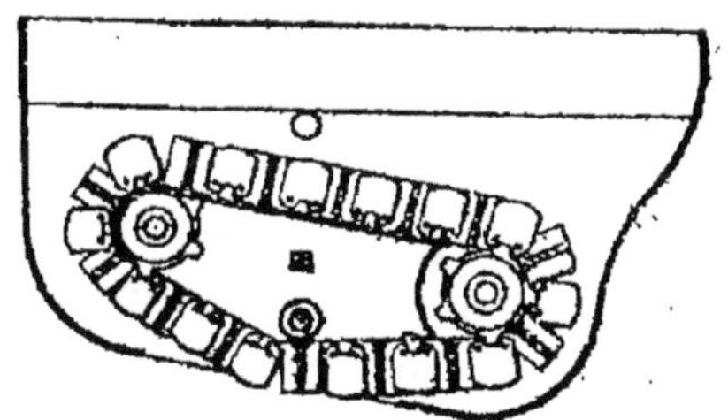

FIG. 13 bis. — Détail du corps de la mouleuse.

due à ce que les moules mobiles rasent le fond de la caisse.

Nous empruntons à l'étude de M. Franche (1) la description de cette intéressante machine :

(1) FRANCHE. loc. cit., page 146.

« La vitesse d'avancement des roues proprement dites est la même mais de direction contraire à celle des augets du corps de la mouleuse; nous verrons tout à l'heure comment s'obtient cette singularité.

« Du fait que la caisse, en cheminant de gauche à droite, entraîne les godets de la même longueur dont ceux-ci se déplacent en sens contraire (de droite à gauche), il s'ensuit évidemment que tous les mouvements se traduisent par une translation nulle des briquettes par rapport au sol; celles-ci s'y déposent donc successivement en tombant verticalement.

« Les deux roues ayant même essieu sont solidaires, à la volonté des ouvriers, des pignons et engrenages qui commandent la chaîne sans fin par l'axe situé à gauche; s'il en est besoin, pour le transport simple sans moulage un levier débraye les roues porteuses; mais pendant le travail, les dites roues et la chaîne à godets reçoivent le mouvement simultanément d'une manivelle supérieure par l'intermédiaire de harnais et de pignons d'angle et engrenages cylindriques appropriés; il en résulte évidemment qu'en tournant la manivelle dans le sens convenable on force le chariot à se déplacer, la chaîne à opérer son mouvement relatif et, en fin de compte, les briquettes moulées à quitter régulièrement leurs alvéoles au fur et à mesure du cheminement de l'appareil. »

Prix de revient des briquettes de tourbe à la main. L'exploitation d'une tourbière demande un personnel très habitué à ces travaux et en outre exige une grande surveillance. Les ouvriers étant, en effet, généralement payés aux pièces ce qui est le meilleur procédé, tâchent d'augmenter par tous les moyens imaginables le nombre de briquettes produit dans la journée. Pour cela ils travaillent le plus rapidement possible, se préoccupant plus d'extraire un grand nombre de tourbettes que d'éviter de mélanger la tourbe de surface ou les couches de glaise à la tourbe combustible.

En outre, dans la fabrication des briquettes, une fraude très courante consiste à ajouter de la glaise, ce qui par conséquent, augmente le poids et la teneur en cendres tout en diminuant le pouvoir calorifique du combustible; par une autre fraude, de pratique également courante, on creuse l'intérieur de la briquette. Ce dernier procédé crée un inconvénient sérieux, car les briquettes creuses sont fragiles et une fois empilées s'affaissent, augmentant ainsi les déchets en de fortes proportions.

Dans les grandes exploitations où la surveillance est impossible il est donc bien préférable d'employer les moyens mécaniques qui rendent les fraudes beaucoup plus difficiles (1).

Les données suivantes serviront de guide pour l'établissement du prix de revient des briquettes de tourbe à la main (2) : pour les opérations de séchage une femme habile peut retourner environ 6.000 mottes par heure et en mettre 2.500 en piles pendant le même temps.

Aux tourbières d'Okaer (Danemark) le prix de revient s'établit de la façon suivante :

L'exploitation utilise un personnel composé de :

(1) F. CHALLETON DE BRUGHAT, *De la tourbe*, page 376.

(2) NYSTRÖM, *Tourbe et lignite. Leur fabrication et leurs emplois en Europe* (1913), page 54 et suivantes.

6 hommes pour l'extraction de la tourbe;

2 gamins pour le transport des wagonnets de tourbe brute à l'atelier;

1 homme pour le déblayage de la surface de la tourbière;

1 homme pour la surveillance du malaxeur;

1 mécanicien;

1 homme pour le transport des wagonnets de tourbe en pâte au terrain de séchage;

4 hommes occupés sur le terrain de séchage.

L'exploitation emploie en outre :

2 chevaux pour la traction des wagonnets de tourbe brute;

2 chevaux pour la traction des wagonnets de tourbe en pâte.

Les salaires sont les suivants :

Hommes 5 fr. 75 à 8 fr. 25 par jour;
Gamins 3 fr. 75;
les travaux étant effectués aux pièces.

En outre les frais occasionnés par un cheval sont estimés à 3 francs par jour.

Le prix de revient s'établit donc comme suit :

TABLEAU

EXTRACTION, MALAXAGE, TRANSPORT	PRIX DE REVIENT	
	PAR JOUR	PAR TONNE
14 hommes à 7 fr. 50	105 fr. »	2 fr. 220
3 gamins à 3 fr. 75......	11 25	0 235
4 chevaux à 3 francs	12 »	0 250
Séchage :		
0 fr. 25 par 1.000 briquettes	0	450
Chargement, transport	1	250
Combustible, huile, réparations	0	595
Total	5 fr. 00	
Amortissement et frais généraux	2 50	
Prix de revient de la tonne	7 fr. 50	

Au cours de l'année 1907, qui a été particulièrement mauvaise par suite de la fréquence et de l'abondance des pluies, la production a été, pour la saison, de 86.000 briquettes d'un poids de 450 grammes séchées à l'air, la durée moyenne de la journée de travail étant de 10,5 heures.

CHAPITRE IV

EXPLOITATION DES TOURBIÈRES
EXPLOITATION A LA MACHINE

—

Avantages de l'exploitation mécanique des tourbières. L'exploitation à la main, ainsi que nous venons de le voir, est d'un faible rendement. Seules des tourbières de petite importance peuvent être exploitées par ces procédés primitifs.

Lorsque la superficie des tourbières est importante, il convient, pour que le capital engagé dans l'achat du terrain soit d'un bon rapport, de pousser la production du combustible au maximum en employant des machines à grand débit et en poursuivant l'exploitation aussi tard que possible dans la saison.

Lorsqu'un moyen de séchage artificiel continu, vraiment effectif, aura enfin été établi rien ne s'opposera à extraire d'un bout de l'année à l'autre, les interruptions ayant uniquement lieu pendant les périodes de forte gelée.

Une foule innombrable de machines pour l'extraction, le traitement et le séchage artificiel de la tourbe font l'objet de brevets. Une grande partie de ces machines n'ont d'ailleurs jamais été construites ou, du moins, n'ont pas donné de résultats. Aussi nous bornerons-nous, dans un court exposé de la question, à faire un choix entre tous ces appareils et à présenter aux lecteurs les machines ayant réellement fonctionné et donnant des résultats avantageux.

Un reproche que l'on fait souvent, en France, à l'exploitation mécanique des tourbières et particulièrement aux appareils d'extraction, est leur prix d'achat très élevé. Ce reproche est d'ailleurs parfaitement exact, aussi l'importance du cube de tourbe doit-elle correspondre au prix de la machine. Il n'est pas possible de recommander l'emploi de telle machine plutôt que de telle autre, le choix étant surtout fixé par les conditions particulières de chaque exploitation.

La description qui va suivre permettra au lecteur de se former une idée des principaux appareils et des procédés d'exploitation employés tant en Europe qu'en Amérique et de déterminer, suivant les conditions, la méthode à adopter.

Outillage d'extraction. — *Louchet mécanique.* — L'appareil d'extraction le plus simple et également le moins coûteux est le louchet mécanique.

Cet instrument est, en principe, semblable au grand louchet à main décrit précédemment, mais ses dimensions sont plus grandes (1). Il est connu et employé depuis très longtemps et nous reprodui-

(1) LARBALÉTRIER, *La tourbe et les tourbières*, page 100. — G. FRANCHE, *La tourbe*, Revue de Chimie Industrielle (juin 1917), page 143. — A. LENCAUCHEZ, *Traité sommaire concernant la tourbe.*

rons l'excellente description qu'en donne M. Lencauchez :

« Le grand louchet mécanique est monté sur châssis, roulant sur un chemin de fer volant que l'on ripe

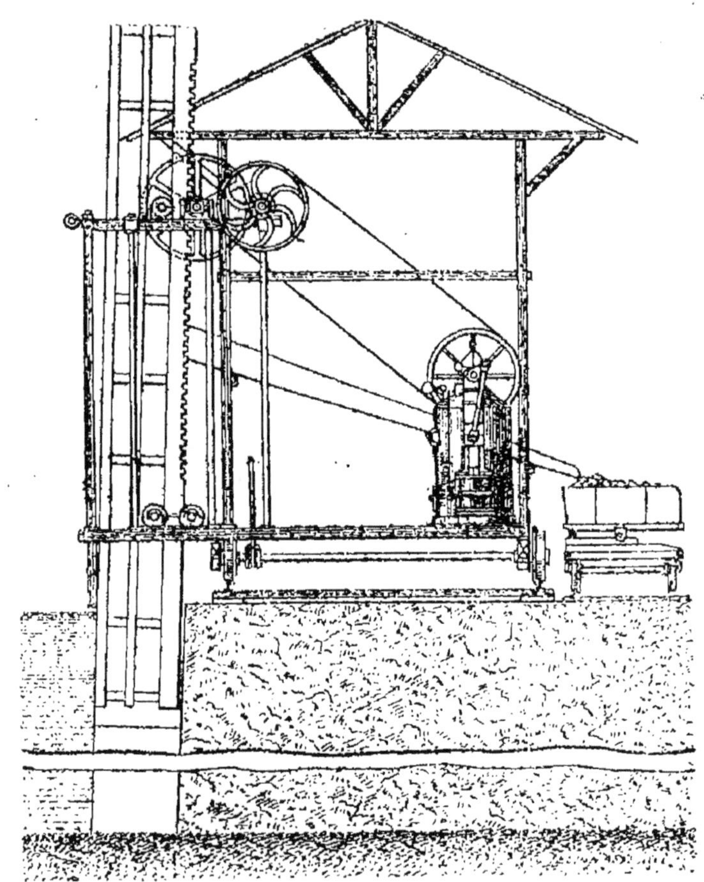

FIG. 14. — Louchet mécanique.

au fur et à mesure de l'avancement du travail. Il peut
fonctionner aussi bien en avançant à droite qu'en
retournant à gauche; il forme un prisme fermé sur

trois côtés, les deux montants principaux sont dentés et font crémaillères (fig. 14); celles-ci sont activées par deux pignons semblables, calés sur le même arbre. Ce dernier porte en même temps un engrenage qui reçoit le mouvement d'un pignon, etc.

« Ce système de transmission étant celui d'une grue de quai, nous ne nous y arrêterons pas plus longtemps; mais nous devons appeler l'attention sur le mouvement différentiel qui permet des vitesses variables à la volonté de l'ouvrier, suivant les résistances que la couche de tourbe peut lui présenter de temps en temps et suivant les irrégularités dues aux différents états de la tourbe; enfin nous ferons remarquer le débrayage et le frein à main qui permettent à l'ouvrier de laisser descendre le louchet sous l'action de son propre poids avec une vitesse convenable pour la taille de la tourbe à enlever.

« Le mode de fonctionnement de l'appareil est celui-ci : une voie ferrée est placée le long du bord de l'entaille, à une distance convenable pour que l'outil puisse prendre juste la quantité de matière qui doit le remplir. La voie étant réglée, les ouvriers descendent le louchet jusqu'au fond de la couche de tourbe soit en une, deux, trois ou quatre passes suivant la hauteur de cette couche, puis après ils tournent aux manivelles pour relever le louchet, si le mouvement est à bras, ou donnent de la vapeur si le mouvement est dû à une machine. L'outil en se relevant ramène avec lui le prisme de tourbe qui le remplit exactement attendu que ses deux couteaux, qui tranchent dans la masse, étant articulés au moyen de charnières, font clapet de fond et s'opposent à la sortie du prisme de tourbe du châssis qui l'enserre.

« Au fur et à mesure que le louchet sort de l'eau, un ouvrier, placé dans une barque amarrée au cadre-guide extérieur de l'appareil (barque qui est rendue solidaire pendant qu'elle se remplit, vu qu'elle lui est attachée avec deux petits cordages, à distance convenable pour araser à un ou deux centimètres près les fours du louchet), un ouvrier, disons-nous, placé dans sa barque et armé d'une grande houe, ou pioche à la fois très large et très légère, force le prisme de tourbe à se déverser dans cette barque. Le travail de cet homme consiste donc à régulariser et à répartir, dans l'embarcation qu'il monte, les produits excavés par le louchet, sa pioche étant plutôt un grattoir-versoir que toute autre chose. Quelquefois on se sert d'un couloir quand il y a lieu de rejeter des parties stériles. »

La production d'un louchet à manivelle est de 35 à 40 mètres cubes de tourbe humide par jour. Il découpe un prisme de 40 à 45 centimètres de côté. L'appareil est très avantageusement commandé par un moteur électrique lorsque les circonstances locales permettent de se procurer aisément l'énergie électrique à un tarif modéré. L'ensemble du louchet et de son moteur est porté par un truck ainsi qu'il vient d'être dit, et le tout est recouvert d'un toit pour la protection de la machine et du personnel contre les intempéries.

Excavateur et drague Normand et d'Haille. — Une chaîne sans fin à godets en acier spécialement étudiée pour la tourbe est commandée, soit par un moteur électrique, un moteur à essence de 4 chevaux ou encore par deux chevaux actionnant un manège à plan incliné. La chaîne à godets repose par un arbre à tourteau d'entraînement (fig. 15) sur un bâti en tôles

et profilés fixé par des boulons sur le châssis de l'excavateur ou le fronton de la drague.

Cette même chaîne est guidée et réglée par une
glinde en fer U, dont on assure la position en profon-

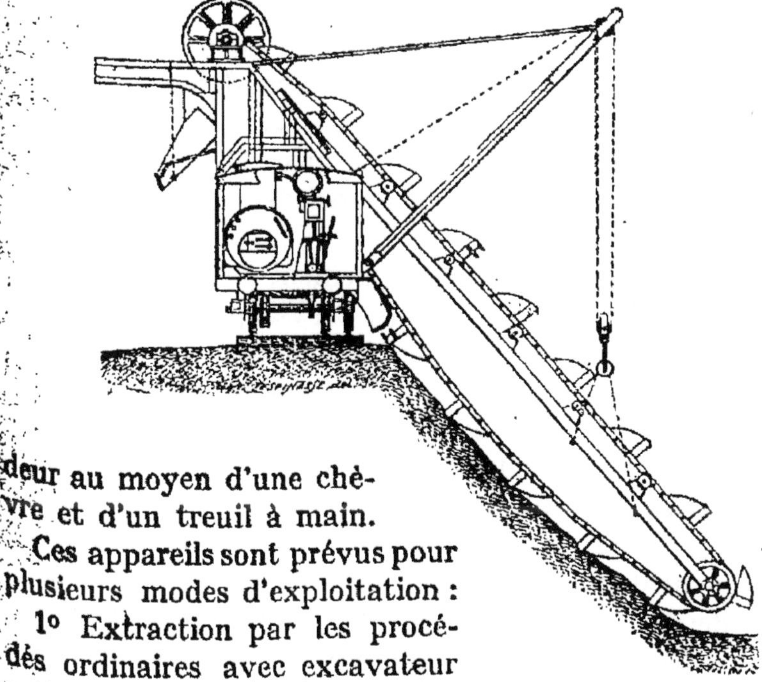

FIG. 15. — Excavateur
Normand et d'Haille.

deur au moyen d'une chè-
vre et d'un treuil à main.

Ces appareils sont prévus pour
plusieurs modes d'exploitation :

1° Extraction par les procédés ordinaires avec excavateur
roulant sur rails et déversement
direct de la tourbe sur les wagonnets. Un dispositif particulier assure la stabilité de l'appareil.

2° Extraction en bordure d'étang ou de marais
avec excavateur installé sur bateau et déversement
de la tourbe directement à terre avec reprise à la main
pour chargement sur wagonnets ou chariots.

3° Extraction en étang ou marais par appareils

dragueurs ou pelles montés sur bateau avec déversement en chaland ou directement à terre par couloirs
ou transporteurs.

La drague s'emploie particulièrement dans les terrains marécageux de tourbières. Son débit est de
100 à 500 mètres cubes par jour. Munie de petits
treuils appropriés, elle papillonne sur un grand secteur
et extrait sans arrêt une large bande de tourbe. Par
des couloirs adaptés au bâti, la tourbe se déverse
dans des chalands amarrés aux côtés de la drague,
ou encore sur des transporteurs si l'exploitation le
permet.

L'excavateur débite également de 100 à 150 mètres
cubes de tourbe par jour. On l'emploie quand le terrain est assez ferme pour supporter une voie. Lorsque
la plate-forme recevant l'excavateur est argileuse, il
convient de garnir les traverses du côté de l'extraction d'un plancher de madriers. Ceux-ci devront être
placés longitudinalement sous les traverses et dans
l'axe des rails côté extraction. Pour faciliter le déchargement il est également avantageux de donner un peu
de dévers à la voie de l'excavateur en relevant légèrement les traverses du côté extraction.

Excavateur Krupp (1). — L'excavateur, la machine
à traiter la tourbe et le moteur à essence sont montés
sur une plate-forme reposant sur des rouleaux à
raquettes ou caterpillars du type des machines agricoles. Les caterpillars reposent directement sur le
sol de la tourbière (fig. 16).

La machine que nous décrivons ici est celle qui est

(1) A. ANREP, *Recherches sur les tourbières et l'industrie de
la tourbe au Canada* (1911-12).

employée à la tourbière de Farnham (Canada) où elle fonctionne avec une machine à macérer Anrep, un appareil à étendre Jacobson et un dispositif Ekelund

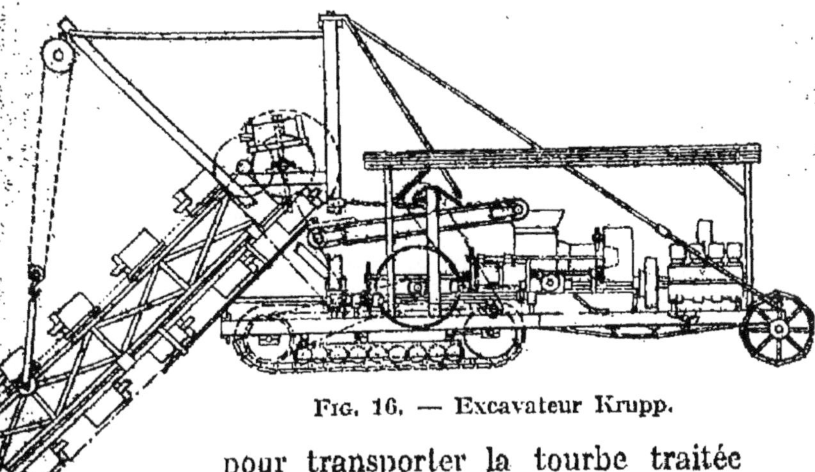

FIG. 16. — Excavateur Krupp.

pour transporter la tourbe traitée mécaniquement au terrain de séchage.

La plate-forme, dont il a été question ci-dessus porte à sa partie arrière une grue pivotant autour d'un axe vertical et pourvue de supports, aux extrémités desquels sont fixées des poulies sur lesquelles passent des câbles actionnés par des tambours. Ces tambours reçoivent leur mouvement de rotation d'un arbre par l'intermédiaire d'un embrayage qui libère un tambour lorsqu'il commande l'autre. Ce dispositif permet la rotation de la grue dans les deux sens par simple manœuvre de l'embrayage. Sur la grue est fixée une poutre métallique qui peut tourner autour d'un axe horizontal et qui peut être élevée et abaissée suivant la profondeur de l'extraction, au moyen d'un câble passant par l'extrémité libre de la poutre et par deux poulies portées par la grue. Cette élinde supporte la chaîne à godets au moyen de deux rails parallèles situés sur la face supérieure et de deux rails doubles cannelés sur la partie inférieure. La chaîne à godets est maintenue sur les rails au moyen de coussinets en bois placés dans les rails inférieurs et sur les rails supérieurs. En outre, une tôle située en dessous du trajet inférieur des godets évite le déchargement prématuré des godets lorsque ceux-ci ont quitté le contact du sol de la tourbière.

L'entraînement de la chaîne à godets se fait par l'axe de la poutre qui sert en outre de supports aux couteaux automatiques. Ceux-ci ont pour but d'assurer le déchargement complet de la tourbe des godets lorsqu'ils arrivent à la partie supérieure de leur course. Cet appareil est constitué par une pelle à double lame de longueurs appropriées et placée entre les deux roues de la chaîne à godets. Lorsque les godets approchent de la partie supérieure une des lames y pénètre et expulse la tourbe par le fond qui est évidé (fig. 17). De cette façon le déchargement complet est assuré.

Le mode de fonctionnement de l'appareil est le suivant :

L'appareil étant placé au point de départ, l'élinde est amenée au droit de l'un des côtés de la tranchée à creuser et abaissée jusqu'à ce que les godets viennent en contact avec le sol. La chaîne à godets est alors mise en mouvement et l'élinde abaissée jusqu'à ce que la coupe atteigne une profondeur de 30 centimètres environ. La grue est alors mise en mouvement dans la direction de l'autre bord de la tranchée. Lorsque celui-ci a été atteint, l'élinde est de nouveau abaissée de 30 centimètres et on continue ainsi jusqu'à ce que l'excavation ait atteint la profondeur voulue.

On supprime alors le mouvement de l'élinde dans le sens vertical en continuant simplement à lui imprimer un mouvement alternatif d'un bord de la tranchée à l'autre, la machine étant avancée de la distance convenable à la fin de chaque course transversale.

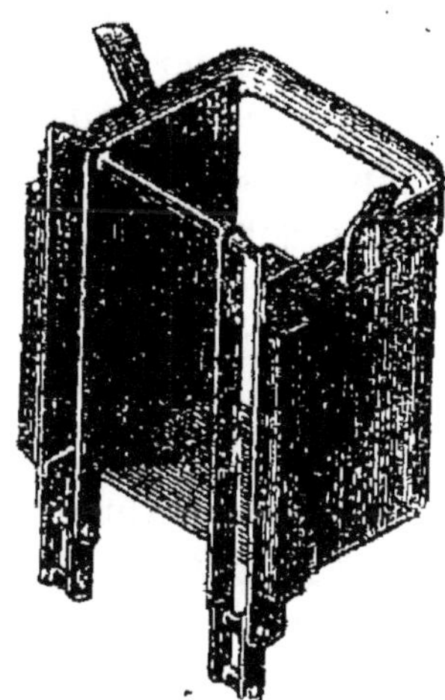

Fig. 17. — Godet de l'excavateur Krupp.

La tourbe déchargée des godets tombe dans un transporteur à vis qui l'entraîne jusqu'à une trémie alimentant la machine à macérer. La tourbe traitée est de nouveau prise par un transporteur à vis alimentant des wagons à bascule à traction par locomotive à gazoline desservant le champ de séchage.

Le service de cette machine complète nécessite un personnel composé de 7 hommes et 3 gamins répartis de la façon suivante :

1 mécanicien;

1 homme recevant les wagons;

1 homme pour le chargement des wagons;

1 homme déchargeant les wagons à la presse portative;

1 homme étendant la tourbe dans la presse portative;

1 homme coupant verticalement les rangs de tourbe;

1 homme chargé de déblayer le terrain;

3 gamins pour travaux divers.

La production est de 30 à 40 tonnes par journée de 10 heures.

Les exploitants reprochent à cet appareil de ne pas faire une coupe nette, les parois verticales de la tranchée sont dentelées. Cet inconvénient est très grave, car pendant la mauvaise saison une certaine partie de la tourbe gèle et sèche pendant l'été. Les parois deviennent alors fragiles et constitueront un danger lorsqu'on ramènera l'excavateur sur le bord de la tranchée. En outre cet appareil est d'un très grand poids.

Excavateur Strenge (1). — Deux machines de ce genre sont en fonctionnement depuis plusieurs années aux tourbières de Wiesmoor (Allemagne).

Cet appareil se compose d'une roue à godets commandée par un moteur électrique par l'intermédiaire d'engrenages. Un deuxième moteur effectue le déplacement de la roue dans le sens horizontal au fur et à mesure de l'excavation. Le déplacement transversal ainsi obtenu est de 4 mètres. La tourbe fraîche est déversée sur une chaîne à godets qui la transporte à la presse. Ces excavateurs donnent de bons résultats lorsque la configuration du sol de la tourbière est régulière et que la masse ne contient pas de vestiges de troncs d'arbres. Il convient de surveiller attentivement la profondeur des coupes pour éviter que l'excavation n'intéresse le sable du sous-sol de la tourbière.

Appareil Dolberg (2). — Cet appareil est constitué

(1) TEICHMULLER, *Elektrotechnik und Moorkultur-Das Kraftwerk im Wiesmoor in Ostfriesland-Elektrotechnische Zeitschrift*, n° 50 (12 décembre 1912), page 1.302.

(2) TEICHMULLER, *loc. cit.*, page 1.303.

par un simple transporteur mécanique, chaîne à godets ou autre, qui relie l'atelier de malaxage à la tranchée d'extraction. Trois ou quatre ouvriers extraient la tourbe à la main et la chargent dans le transporteur.

Cette machine très simple et peu coûteuse est à recommander pour les exploitations d'importance moyenne. Tout constructeur d'appareils de manutention mécanique peut en assurer la fourniture.

Douze machines de ce genre accouplées à des presses sont en service aux tourbières de Wiesmoor. Le débit quotidien est de 60.000 à 80.000 briquettes par machine et par journée de dix heures.

Traitement mécanique de la tourbe. — Il a été reconnu que la tourbe telle qu'elle est extraite de la tourbière est très difficile à sécher par suite de la formation d'hydrocellulose emprisonnant l'humidité. Tous les moyens artificiels employés pour l'extraire, pression, chaleur, etc., échouent alors. Pour éviter ces inconvénients il convient de réduire la tourbe en une bouillie très fine dont on pourra ensuite plus facilement extraire l'eau d'abord à la presse, ensuite par la chaleur naturelle ou artificielle.

En outre la densité, l'homogénéité et la solidité du produit obtenu augmentent lorsque la matière brute est plus finement broyée.

Une bonne machine à traiter la tourbe doit répondre aux conditions suivantes :

1° Construction simple et robuste, avec toutes les pièces accessibles permettant de confier la machine à des ouvriers plus ou moins expérimentés;

2° Débit suffisamment grand;

3° Traitement complet de la tourbe; c'est-à-dire

que la machine doit être construite de telle façon que toutes les parties de la masse traitée soient également soumises à l'action des organes tranchants et qu'il ne se forme pas d'accumulation autour des axes des parties rotatives, ni d'engorgement..

Machines employées pour le traitement de la tourbe. La tourbe sortant de la machine d'extraction est prise par un transporteur mécanique quelconque, chaîne à godets, toile sans fin, transporteur à vis, etc., et déchargée dans une trémie de chargement qui alimente l'appareil de traitement mécanique.

Celui-ci peut répondre à plusieurs buts :

1° Malaxer la tourbe, la désagréger et la réduire en bouillie. Il a été reconnu que cette opération était indispensable pour permettre un séchage relativement rapide.

2° Comprimer la bouillie de tourbe pour en extraire une partie de l'eau et l'amener à 70 % d'humidité environ. Cette opération permet de diminuer le temps nécessité par les opérations du séchage naturel ou artificiel.

3° Mouler la pâte en un ruban de section rectangulaire qu'il suffira de couper à la longueur voulue pour obtenir des briquettes.

Il existe une grande variété de machines à traiter la tourbe.

Aux tourbières de Wiesmoor, deux types de machines sont employés. Les malaxeurs-presses fonctionnant avec les excavateurs Strenge débitent la tourbe en vrac. Les machines Dolberg alimentent une presse à mouler commandée par courroie par un moteur électrique de 12 chevaux. Ces machines comme les précédentes sont composées d'arbres à hélice contrariés qui en assurent le malaxage. La tourbe sort sous forme d'un triple ruban à section rectangulaire qui est découpé au fur et à mesure, par un ouvrier, à la longueur des briquettes.

Machine Anrep. — Cette machine, très employée en Russie, en Suède, en Norvège et au Canada, est la plus parfaite et la mieux étudiée, établie à l'heure actuelle. Elle est construite en deux modèles (le modèle B. I et le modèle B. II différant par leurs dimensions), par la « Aljorn Anderson's Mekaniska Verskstads Aktiebolag » de Svedala (Suède).

La machine Anrep (fig. 18 et 19) se compose d'une boîte en tôle d'acier comportant deux cylindres de diamètres différents réunis par une partie tronc-conique. L'axe des cylindres est occupé par l'arbre de l'appareil. La tourbe brute versée dans la trémie de chargement tombe sur des couteaux qui sont animés d'un mouvement d'oscillation dans le plan vertical. La tourbe déchiquetée est ainsi projetée sur

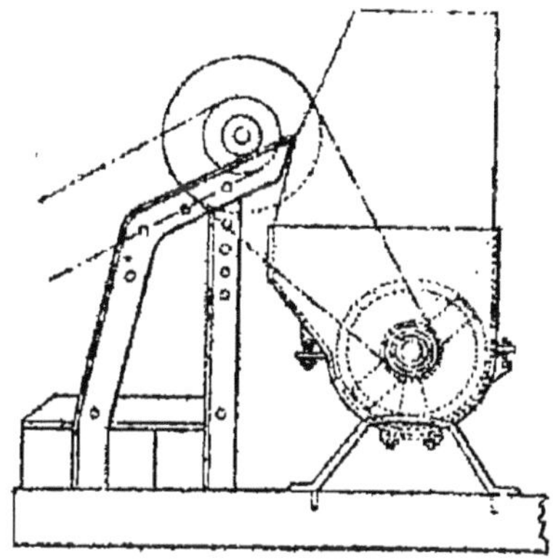

Fig. 18. — Machine Anrep, Élévation.

les couteaux mobiles portés par l'arbre, qui coupent les racines et les fibres.

Après avoir subi ce premier traitement la matière parcourt la partie tronc-conique, puis traverse des couteaux fixes, dont le nombre dépend de la qualité de la tourbe et arrive dans le cylindre de petit diamètre. Dans ce cylindre l'arbre est muni de bras malaxeurs qui pétrissent la matière et en divisent finement toutes les parties. Après ce traitement la tourbe sort de l'appareil par l'extrémité opposée.

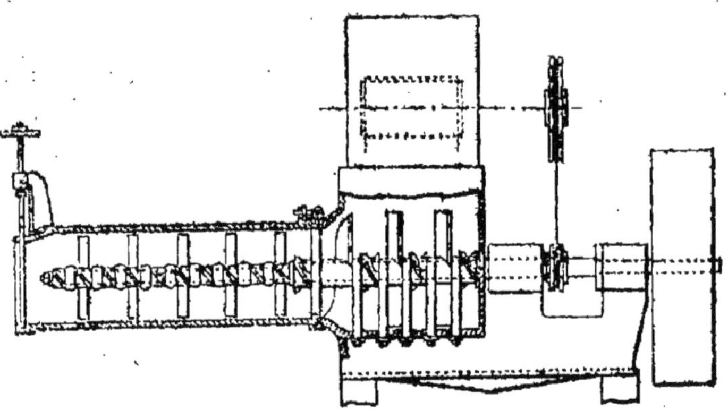

Fig. 19. — Machine Anrep. — Plan.

Les divers organes de cette machine sont facilement accessibles, la construction en est simple et la production est assez forte.

Généralement un moteur de 40 chevaux commande l'appareil et est également utilisé pour divers autres organes accesoires.

La production, par journée de 10 heures, avec les méthodes ordinaires de manutention est d'environ 50 tonnes de tourbe séchée à l'air.

Le prix d'une installation complète avec les appareils de manutention mécanique pour l'alimentation de la machine et l'évacuation de la tourbe traitée est d'environ 6.000 francs.

Machines Egeberg. — A l'exposition Jubilaire Nor-

végienne de 1914, à Christiania, figuraient trois
machines Egeberg à traiter la tourbe, l'une à main, la
seconde commandée par un manège à cheval, la
troisième à moteur électrique.

La fig. 20 représente la machine à main. Les deux
autres ne diffèrent que par le système de commande.

Nous donnerons quelques renseignements pratiques
sur chacune de ces trois
machines qui semblent
parfaitement convenir
aux petits exploitations.

1° Machine à main. —
Le service de cette ma-
chine nécessite cinq hom-
mes et un gamin ainsi
répartis :

2 hommes pour action-
ner la machine;

1 homme pour l'ali-
menter en tourbe brute;

1 homme pour rece-
voir la tourbe traitée;

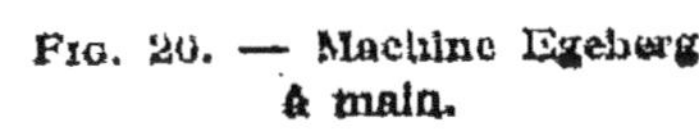

Fig. 20. — Machine Egeberg
à main.

1 homme pour étaler
la tourbe traitée sur le terrain de séchage.

1 gamin pour aider.

2° Machine à manège. — Le service de cette machine nécessite 5 hommes, 1 gamin et 1 cheval :

1 homme pour alimenter la machine;

1 homme pour transporter la tourbe traitée aux
châssis sur le terrain de séchage;

1 homme pour étaler la tourbe sur les châssis;

1 gamin pour conduire le cheval.

En outre :

1 homme à la tranchée d'extraction ;

1 homme pour amener la tourbe à la brouette.

Un essai de cette machine a donné les résultats suivants :

Durée de l'essai : 40 minutes.

Nombre de mottes sur le châssis de moulage : 50.

Dimension en millimètres des mottes de tourbe :

Humide	235 × 105 × 75
Sèche	155 × 65 × 45

Production de tourbe humide en 10 heures....................	25,2 mètres cubes.
Tourbe sèche à l'air en 10 heures (25 %).....................	3,907 tonnes.
Tourbe produite par homme par 10 heures....................	4,5 mètres cubes.

3° *Machine à moteur électrique.* — Le moteur, disposé au pied de l'appareil, comporte un volant sur lequel est fixée une bielle qui actionne la machine.

L'alimentation de la machine se fait par un transporteur mécanique.

Ces trois modèles sont constitués par un seau dans lequel on verse la tourbe et dont l'intérieur comporte un arbre à hélice animé d'un mouvement de rotation. La tourbe traitée est expulsée par une ouverture ménagée à la partie inférieure du seau.

Machines Schlickeysen. — Ces machines, également construites depuis une date très reculée par une firme allemande, conviennent particulièrement aux tourbes bien homogènes ne présentant pas de vestiges de racines.

L'appareil se compose (fig. 21) d'une trémie de

chargement dans laquelle la tourbe brute arrive par un transporteur mécanique actionné, par l'intermédiaire d'engrenages, par le même moteur que la machine. La tourbe tombe alors entre les deux arbres à manivelles, supérieurs tournant en sens inverse puis passe entre l'arbre et le cylindre suivant. Ce premier traitement a pour but de déchiqueter la tourbe et de la réduire en pâte.

Cette pâte est rejetée ensuite sur un arbre à couteaux. Ces couteaux ont une forme hélicoïdale et sont accouplés à des couteaux fixes portés par la plaque de recouvrement. De là, la tourbe réduite en

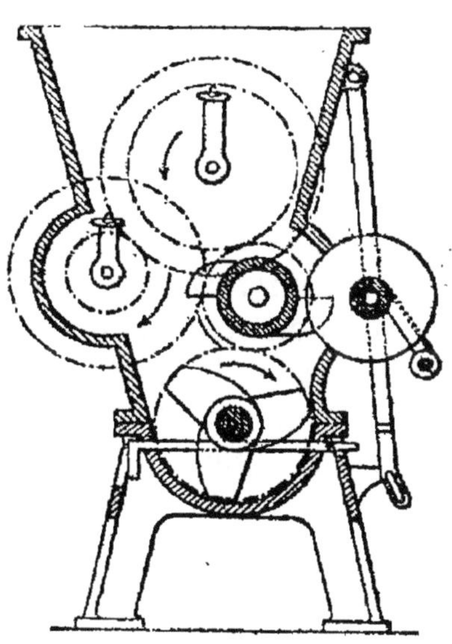

Fig. 21. — Machine à tourbe Schlickeysen.

pâte très fine est poussée vers l'orifice de sortie qui comporte généralement une triple ouverture à la section des briquettes. Il suffit de couper les rubans à la longueur convenable.

Cette machine se construit en 3 modèles correspondant à des débits de 0,5 tonnes, 2,5 tonnes et 4 tonnes de tourbe séchée à l'air par heure.

La puissance nécessaire pour la commande de ces machines est respectivement de 3,5 HP, 6,8 HP et 10,12 HP. Les prix étaient avant la guerre, non compris l'élévateur, de 1.250 francs, 3.000 francs et 5.000 fr. L'installation complète d'une machine débitant

4 tonnes de tourbe séchée à l'air par heure, y compris les wagonnets, les rails, etc., revient environ à 22.000 fr. aux prix d'avant-guerre.

Le personnel nécessaire, pour une installation de cette puissance, est, au total, en comprenant le personnel d'extraction, de 17 hommes.

Ces machines donnent un bon produit, mais présentent les inconvénients d'une construction compliquée nécessitant de fréquentes réparations; en outre le rendement est faible.

Machines Dolberg. — Ces machines, également de construction allemande, sont les plus employées en Allemagne. Il en existe plusieurs modèles fonctionnant à manège à un ou à deux chevaux ou commandés par moteur de 5,18 ou 30 HP.

Le principe de la construction de ces divers modèles est le même : l'appareil se compose de deux arbres à hélices enfermés dans un carter en tôle d'acier et tournant en sens inverse. Lorsque la tourbe n'est pas de constitution homogène et présente des racines, les hélices sont interrompues sur une partie de leur trajet. Le débit de ces machines varie de 4 à 35 tonnes de tourbe séchée à l'air par jour.

Séchage de la tourbe.
Le séchage de la tourbe est une opération d'une grande importance lorsque celle-ci doit être brûlée directement dans des foyers. Il convient alors d'obtenir un produit aussi sec que possible, car dans ce cas l'eau contenue dans le combustible devient onéreuse à un double point de vue :

1° On transporte l'eau au même prix que le combustible;

2° A poids égal la tourbe humide contient moins de matière combustible que la tourbe sèche;

3° Une partie des calories dégagées par cette matière combustible est consommée par la volatilisation de l'eau.

Les chiffres ci-dessous, indiquant le pouvoir calorifique de la tourbe sèche et à diverses teneurs en humidité, montreront l'importance des effets d'un bon séchage :

Tourbe sèche.............. 4.500 calories par kg.
Tourbe à 20 % d'humidité... 3.480   —
Tourbe à 35 % d'humidité... 2.715   —
Tourbe à 50 % d'humidité... 1.950   —

Il est évident que le mode de séchage à adopter devra être basé sur l'emploi auquel la tourbe est destinée ultérieurement; pour l'alimentation des gazogènes, par exemple, il serait parfaitement inutile de produire une tourbe absolument sèche tandis que celle-ci sera plus avantageuse pour l'alimentation d'un foyer.

La tourbe ayant été désintégrée mécaniquement par les appareils que nous avons étudiés doit alors être séchée.

Deux méthodes principales s'offrent pour le séchage de la tourbe :

A) Le séchage naturel;

B) Le séchage artificiel.

A) *Séchage naturel.* — Le séchage naturel consiste à faire évaporer l'humidité de la tourbe sous l'influence de l'air et des rayons solaires. On voit immédiatement les gros inconvénients de cette méthode. Elle ne permet d'abord le travail que pendant les quelques mois de la belle saison, d'avril à août en moyenne, et, en outre, elle subordonne les résultats obtenus pendant cette saison à l'état de l'atmosphère.

Le séchage se fait ainsi que nous l'avons vu précédemment, soit en disposant les briquettes sur l'aire de séchage, soit en étendant la tourbe en un gâteau, soit à la main, soit à la machine à étendre.

Le séchage naturel est assez long et donne une tourbe contenant de 18 à 35 % d'humidité suivant les conditions atmosphériques de la saison.

Le retrait de la tourbe au séchage est considérable. Ainsi des briquettes de matière humide, mesurant $10 \times 12 \times 33$ centimètres, n'ont plus, après séchage à l'air que $6 \times 6 \times 23$ centimètres.

B) Séchage artificiel. — Le séchage artificiel de la tourbe est une question qui présente une grande difficulté. Solutionnée heureusement, elle permet, par contre, l'exploitation continue des tourbières à plein rendement, sans tenir compte des conditions atmosphériques.

Ce séchage s'effectue actuellement par la chaleur dans des étuves, la chaleur étant généralement produite au moyen d'une partie du combustible desséché. La consommation de tourbe pour cet usage est alors de 25 à 30 % de la production, ce qui diminue le rendement d'autant, naturellement. Cependant, lorsqu'on possède déjà une installation permettant de récupérer la chaleur de gaz ou de vapeur d'échappement, on pourra économiser tout ou partie de ces 25 à 30 % et l'exploitation deviendra plus avantageuse.

Séchoir continu S u t-vant. — Le séchoir continu Sturtevant se compose d'un couloir en maçonnerie d'environ 25 mètres de long, dans lequel circulent, sur deux voies légères, les wagonnets à étagères portant la tourbe à sécher (fig. 22).

Sous toute la longueur de ce tunnel circule une gaine en communication, d'une part avec un foyer brûlant de la tourbe desséchée dans l'appareil, d'autre part, au moyen de registres à papillons répartis sur le sol du tunnel constitué par des plaques de fonte, avec l'intérieur du tunnel lui-même.

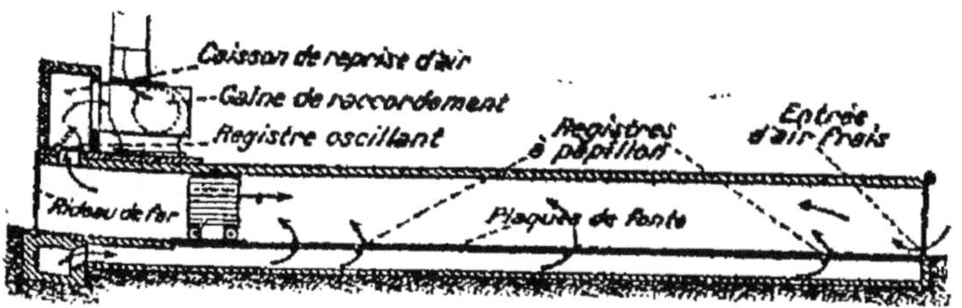

FIG. 22. — Séchoir continu Sturtevant.

Un ventilateur placé à la partie supérieure assure le tirage.

L'entrée des wagonnets chargés de briquettes humides se fait, par le côté gauche de la figure, au moyen d'un tablier métallique qui est maintenu constamment baissé. Les wagonnets, sous l'effet d'une légère pente des voies, avancent vers la droite au fur et à mesure qu'on les retire à l'extrémité de sortie. Celle-ci est également fermée par un tablier métallique dont on règle la levée suivant la température et l'état hygrométrique de l'atmosphère intérieure du tunnel.

De cette façon la tourbe est en contact avec des gaz d'autant plus chauds qu'elle est plus humide, et les gaz eux-mêmes sont à une température d'autant plus élevée qu'ils sont plus chargés d'humidité. A l'extrémité de sortie, où ils sont en contact avec de la tourbe presque sèche, ils sont à une température relativement basse grâce à l'entrée d'air additionnelle. Au fur et à mesure qu'ils avancent vers la gauche, en sens inverse du mouvement des wagonnets, ils se trouvent en présence de tourbe plus humide, ils tiennent plus de vapeur en suspension, mais leur température est élevée par l'arrivée des gaz chauds.

La production d'un séchoir de ce genre à deux tunnels est de 100 tonnes de tourbe par jour et la consommation de combustible dans les foyers est de 25 %.

Séchoir système S. F. — Cette installation comprend de 2 à 6 compartiments sécheurs, une chambre de filtrage des gaz chauds perdus des foyers, un ventilateur d'appel et de refoulement de ces gaz. Ces derniers sont amenés du caniveau de la cheminée, par une conduite dans la chambre de filtrage, où ils sont débarrassés des poussières et escarbilles entraînées par le tirage et additionnés d'une certaine quantité d'air frais. Le mélange sort de la chambre à une température de 120 à 150 deg. c. et est refoulé par le ventilateur dans la canalisation de répartition, et, de là, dans les compartiments sécheurs. Ces compartiments rectangulaires sont juxtaposés et peuvent former une aire de séchage plus ou moins grande suivant les besoins; ils sont rendus indépendants, en dessous, par des murettes de refend, en dessus par des parois séparatrices, chaque compartiment possédant un plancher en tôle perforée. L'air chaud et sec sous pression pénètre dans l'espace vide sous chaque compartiment, traverse uniformément le plancher perforé et la couche de combustible à sécher, à laquelle on peut donner, sans la comprimer, une épaisseur de 20 à 30 centimètres. Le passage de l'air chaud et sec à travers la couche de la substance humide produit une évaporation abondante et régulière à l'air libre. Ce travail d'évaporation est très grand et d'après les constructeurs, peut atteindre, dans les conditions décrites, jusqu'à 350 à 480 kilogrammes d'eau évaporée par mètre carré de surface de plancher, en 24 heures.

Une installation de séchage de 4 compartiments sécheurs de 4 × 2 mètres de plancher chacun, soit une aire de séchage de 32 mètres carrés, est en mesure d'évaporer de 11.500 à 15.400 kilogrammes d'eau en 24 heures. On peut d'ailleurs, à volonté, augmenter l'aire de séchage et, par suite, la production journalière.

La subdivision de l'aire en compartiments indépendants a pour but de permettre une marche sans interruption de séchage, le déchargement et le rechargement se faisant alternativement; une porte à vanne à chaque compartiment permet de couper le courant d'air chaud du compartiment correspondant. Le temps nécessaire à un séchage est, en moyenne, de 2 à 4 heures suivant le degré d'humidité.

La manutention du combustible à sécher, soit pour l'apporter humide près des compartiments sécheurs, soit pour l'enlever sec après déchargement peut être assurée par les transporteurs ordinaires.

Étuve à double courant renversé (1). — Les gaz chauds destinés au séchage de la tourbe sont produits par un foyer latéral, à grille à échelons de préférence, dans lequel on brûle soit une partie de la production, soit des déchets.

Les gaz passent d'abord dans une première gaine cylindrique, puis dans une deuxième concentrique à la première et traversée suivant son axe par la cheminée d'évacuation des gaz (fig. 23). Cette deuxième gaine comporte un registre d'entrée additionnelle d'air permettant de régler la température des gaz.

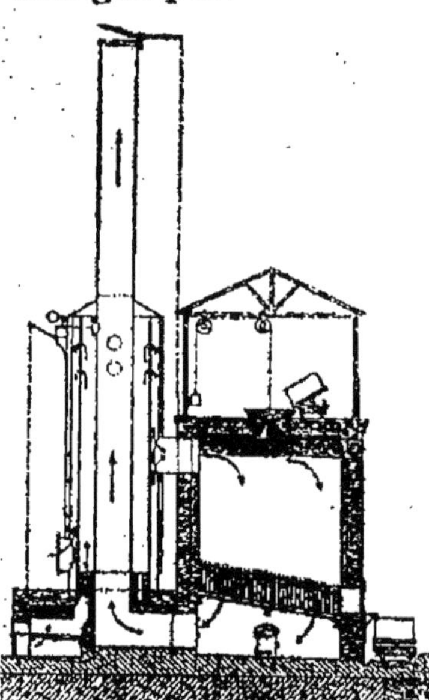

FIG. 23. — Étuve à double courant renversé.

Ceux-ci arrivent ensuite dans la chambre de séchage, grande chambre voûtée d'une capacité de 100 mètres cubes dont la partie supérieure comporte une trémie de chargement. La tourbe à sécher est disposée sur une grille inclinée dans deux directions pour faciliter le défournement. Sous la grille un espace libre permet aux gaz de s'échapper à la cheminée dont la disposition assure un tirage automatique. En effet les gaz chauds circulant dans les

(1) G. FRANCHE, *La tourbe.* — Revue de Chimie industrielle (juin 1917).

gaines accélèrent le tirage dans la cheminée concentrique qui fait alors appel des gaz de la chambre de séchage.

Procédé Harris (1). — Ce procédé consiste à faire circuler de l'air chauffé au contact de la matière à sécher et à retarder en même temps l'écoulement de l'air de façon à le diriger sur la matière, à le réchauffer après son contact et à répéter les opérations jusqu'à ce que l'air ait absorbé une certaine quantité d'humidité.

Ce résultat est obtenu en faisant circuler l'air chauffé de manière qu'il vienne successivement en contact avec le dessous et avec le dessus des couches de tourbe humide dont on veut opérer le séchage. L'air circule de façon qu'il vienne alternativement en contact avec une couche de tourbe humide et avec les surfaces chauffantes destinées à le porter à des températures croissantes au fur et à mesure que son état hygrométrique est plus fort.

La circulation de l'air s'effectue en zigzag, de façon à en retarder l'écoulement et à prolonger la durée de son contact avec la matière humide.

Séchage de la tourbe au moyen de l'énergie électrique. — L'énergie électrique a été utilisée par divers inventeurs parmi lesquel nous signalerons particulièrement MM. Kerrine et Bessey pour extraire l'humidité contenue dans la tourbe. On ne possède d'ailleurs que des renseignements très peu précis sur les procédés employés, mais il est douteux qu'il soit possible d'obtenir ainsi un séchage à un prix de revient avantageux, permettant au combustible de lutter contre

____

(1) Brevet français n° 478.706 du 2 décembre 1914.

la tourbe séchée à l'air ou à l'étuve. Il est d'ailleurs peu probable que le changement opéré par le passage du courant dans la matière soit aussi considérable que le prétendent les inventeurs; nous décrivons néanmoins ces deux procédés.

Procédé Kerrine. — Il existe une usine fabricant des briquettes de tourbe séchées par ce procédé près de Tilsitt (Russie); la tourbière étant submergée et les terrains environnants étant très marécageux un procédé de séchage artificiel était donc indispensable. La méthode employée fournit des briquettes de même qualité que les mottes de tourbe séchées à l'air, mais d'un prix de revient beaucoup plus élevé.

La tourbe brute, contenant 89 % d'humidité à l'arrivée à l'atelier de traitement, est réduite en pâte dans un malaxeur. A la sortie de cet appareil elle est amenée dans des réservoirs d'où on la puise pour remplir des moules en bois appelés « *osmos* », dont le fond est constitué par un treillis en fil de cuivre. Les moules remplis sont placés sur une étagère et sont parcourus par un courant électrique de 30 ampères sous une tension de 220 volts par rangée de 130 moules.

La cathode est constituée par le fond en cuivre, l'anode étant une plaque de fer, aux dimensions intérieures du moule, suspendue par une chaîne. L'eau s'écoule par le fond du moule dès le passage du courant et au bout de 4 heures la teneur en humidité est de 80 %.

Les moules sont alors vidés de leur contenu et la tourbe comprimée en briquettes. Celles-ci passent ensuite dans un séchoir à vapeur qui abaisse à 70 % la teneur en eau, afin de leur donner une plus grande consistance pour les manutentions ultérieures.

Le séchage se termine à l'air, dans des hangars de séchage ordinaires.

Depuis son invention ce procédé a été perfectionné et il serait possible, paraît-il, d'atteindre une teneur en humidité de 30 % à la fin du traitement électrique, ce qui permet de supprimer le séchage à l'étuve.

L'avantage du courant électrique préconisé par l'auteur consiste en une modification de la constitution de la tourbe facilitant le séchage à l'air ultérieur. Cet avantage, bien hypothétique d'ailleurs, paraît sérieusement contrebattu par l'augmentation du prix de revient qu'occasionne la dépense considérable d'énergie électrique.

Procédé Bessey. — Par une méthode qui présente une grande analogie avec la précédente M. Bessey obtient un produit qu'il dénomme *electro peat coal* ce qui en français se traduit : charbon de tourbe préparé par voie électrique. Ce nom n'est d'ailleurs pas exact car il ne se produit, dans ce procédé, aucune carbonisation du combustible, mais bien une simple élimination de l'eau comme dans le cas précédent.

La tourbe brute, déversée dans un réservoir-magasin est reprise par un convoyeur à courroie et déversée dans la trémie d'alimentation d'un appareil rotatif dénommé hydroéliminateur où elle est soumise à une pression à action graduelle.

L'appareil est à fonctionnement continu, la matière partiellement séchée sortant par le fond; de là, elle est amenée à l'appareil de traitement électrique. Celui-ci est constitué par une trémie alimentant une auge où la tourbe est soumise au choc d'un piston à mouvement alternatif qui lui imprime un léger déplacement à chaque course avant; le but de ce disposilif est d'assurer la continuité de marche de la machine. Pendant son séjour dans l'auge de l'appareil de traitement électrique la tourbe est soumise à l'action d'un courant alternatif.

Après cette opération la matière passe dans un nouvel hydroéliminateur placé sous l'appareil de traitement électrique, puis dans un malaxeur à cylindres où elle est réduite en pâte, et finalement dans une presse à briquettes. Une installation Bessey fonctionne à Kilberry (Irlande).

La manutention dans les tourbières. La manutention de la tourbe sur le terrain d'exploitation même présente une grande importance, au point de vue de la qualité, de la quantité et du prix de revient du produit obtenu.

D'une façon générale les briquettes de tourbe coupée ou même de tourbe à la machine doivent être transportées avec précaution, car elles sont fragiles; une manutention trop brutale amènera une désagrégation des briquettes lorsque le combustible sera sec.

Manutention des briquettes. — Dans les petites installations le transport des briquettes s'effectue au moyen de brouettes spéciales roulant sur un chemin établi sur le sol de la tourbière à l'aide de planches.

Il existe une grande variété de brouettes pour le transport des briquettes de tourbe. La figure 24 en représente un modèle simple et pratique.

Fig. 24. — Brouette pour le transport des briquettes de tourbe.

Dans les installations de plus grande envergure on emploie des wagonnets roulant sur une voie Decauville et reliant la tranchée d'extraction ou l'atelier de traitement au terrain de séchage ou à l'étuve. Cette voie, facilement démontable, est modifiée suivant les besoins de l'extraction.

La figure 25 représente un type de wagonnet construit par la maison Petolat de Dijon et convenant parfaitement au transport des briquettes. Celles-ci sont disposées sur des étagères que l'on glisse sur les cornières.

FIG. 25. — Wagonnet à étagères pour le transport des briquettes de tourbe sur le terrain d'exploitation.

Transport de la tourbe en vrac. — Le transport de la tourbe en vrac s'effectue soit de la tranchée d'extraction à la machine de traitement, soit de la machine de traitement au terrain d'étendage. Les petites installations effectuent généralement ce transport au moyen de brouettes. Cependant une manutention mécanique est, dans ce cas, beaucoup plus avantageuse, la distance séparant la tranchée d'extraction de l'appareil de traitement étant toujours choisie aussi faible que possible. Dans les installations Dolberg, par exemple, une chaîne sans fin à godets dans laquelle les ouvriers déversent la tourbe extraite, relie le fond de la tranchée à la trémie de chargement de la machine de traitement.

Toutes les maisons françaises d'appareils de manutention mécaniques sont d'ailleurs à même de construire des élévateurs s'adaptant à chaque cas particulier.

Pour le transport au champ de séchage de la tourbe sortant en vrac de la machine de traitement, on peut employer soit des wagonnets roulant sur voie portative, soit un système de transport par câble aérien, soit des systèmes spéciaux comme ceux dont nous parlons plus loin (pages 87 à 92).

A l'exploitation de Wiesmoor (1) (Allemagne) les transports sur le terrain de la tourbière s'effectuent au moyen d'une voie de 0 m. 60 disposée sur un chemin de sable de 20 à 25 centimètres d'épaisseur recouvert d'une couche de mâchefer (2).

Les trains, composés généralement de six wagonnets, sont remorqués par une locomotive à benzol.

La traction animale aurait été trop onéreuse dans ce cas particulier, étant données les dimensions de la tourbière dont la superficie n'est pas inférieure à 6.527 hectares.

Au Canada, où il existe également des tourbières de très grande étendue on emploie des locomotives à essence du type Moore.

Étendage de la tourbe. Lorsque la tourbe sort en vrac de l'appareil de traitement, elle est chargée sur des wagonnets ou tous autres appareils

---

(1) TEICHMULLER *Elektrotechnik und Moor Kullur Elektrotechnische Zeitschrift* (19 décembre 1912), page 1315.

(2) A cette occasion nous signalerons l'intérêt particulier que présentent les mâchefers et scories pour la constitution des chemins sur le sol des tourbières.

de manutention et transportée au champ d'étendage. Là elle est étendue à la main en un gâteau de 10 à 15 centimètres d'épaisseur.

Dès que la surface de ce gâteau est devenue suffisamment solide ou procède au découpage en briquettes. Pour cela, des ouvriers placés sur des planches amorcent des rainures avec un outil à main. Le découpage s'effectue ensuite à l'aide d'une machine composée de 3 ou 4 scies circulaires montées parallèlement et à distance convenable sur un même axe et actionnées par un moteur électrique. Des machines de ce genre sont employées aux tourbières de Wiesmoor (Allemagne).

Au Canada la tourbe est prise aux machines de traitement par des wagonnets et transportée à une machine qui effectue l'étendage sous l'épaisseur convenable et le découpage de la tourbe en briquettes.

Machine à étendre Krupp (1). — Cet appareil consiste (fig. 26) en un châssis rectangulaire dans lequel sont placés les dispositifs servant à étendre et à couper la tourbe. Ce châssis monté sur roues se meut sur voie ferrée. Un moteur donne le mouvement de déplacement de la machine dans les deux sens et actionne les différents organes.

L'un des côtés du chariot comprend une plate-forme sur laquelle est déposée la tourbe à étendre. La machine est divisée en deux parties, la partie antérieure servant à l'étendage pendant que la partie postérieure fait des coupes transversales sur une bande de tourbe de largeur égale à la bande qui est

(1) A. ANREP, *Recherches sur les tourbières et l'industrie de la tourbe au Canada* (1911-12).

étendue à l'avant. Le châssis est divisé par une traverse passant par son milieu et la plate-forme s'étend
sur un côté de la machine de son extrémité antérieure
jusqu'à cette traverse. La tourbe est poussée en

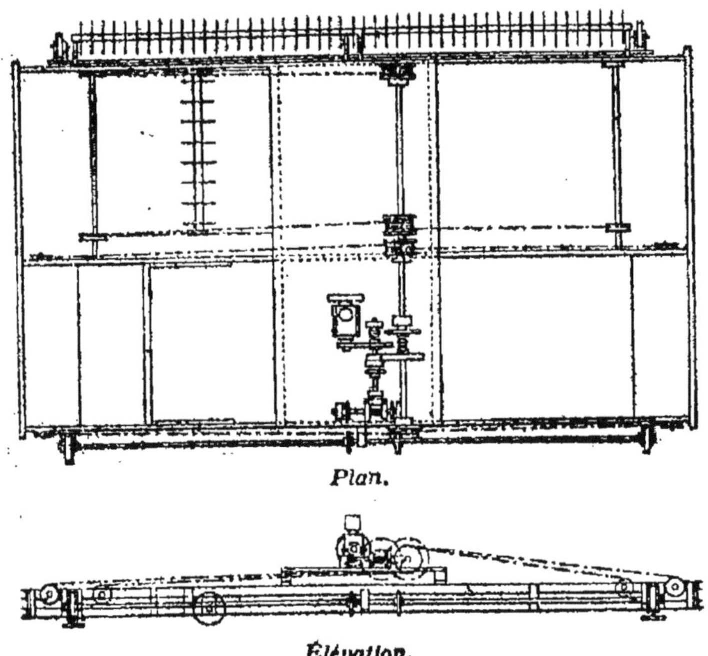

Plan.

Élévation.

Fig. 26. — Machine à étendre Krupp.

dehors de la plate-forme, puis étendue entre les rails
par une pelle à étendre de même longueur que la plate-forme et installée de manière à se mouvoir transversalement par rapport au chariot. Cette pelle à
étendre est placée sur le côté du châssis, au-dessus de
la plate-forme, de telle sorte que quand la charge de
tourbe y est déposée, elle soit sur le chemin de la pelle

et soit ainsi facilement balayée de la plate-forme quand la pelle est mise en mouvement. Cette pelle, ou planche à étendre, est animée d'un mouvement alternatif à droite et à gauche et est contrôlée pour que son bord inférieur voyage dans un plan horizontal à une distance de la surface du sol égale à l'épaisseur de la couche de tourbe que l'on désire obtenir. La masse de tourbe poussée par la pelle, est étendue en une couche uniforme.

Le chariot consiste en deux châssis similaires placés l'un au-dessus de l'autre. La traverse consiste également en deux pièces distinctes parallèles. La partie avant du chariot et la partie transversale constituent les rails de coulissement des coussinets de la pelle à étendre. Au-dessus de la plate-forme se trouve un arbre relié au mécanisme moteur par l'intermédiaire d'un embrayage et portant à son extrémité antérieure un tambour; un autre tambour semblable est fixé sur le même arbre immédiatement en arrière de la pièce transversale. Des poulies sont disposées de chaque côté de la partie antérieure de la machine et en arrière de la pièce transversale, près des côtés du chariot.

Un câble, enroulé de deux ou trois tours autour du tambour et passant sur les poulies, est fixé à une extrémité à l'un des bouts du coussinet avant de la pelle à étendre et à l'autre extrémité à l'autre bout de ce même coussinet : un autre câble enroulé sur le même tambour est fixé aux deux extrémités du coussinet arrière.

Grâce à cette disposition, quand l'arbre tourne dans une direction, la pelle à étendre se meut transversalement dans la direction voulue pour étendre la tourbe et quand l'arbre tourne dans la direction opposée la pelle effectue le trajet inverse.

La surface de la couche de tourbe pouvant se trouver inégale est aplanie et nivelée au moyen d'une plaque nivelante portée par la pièce transversale. L'extrémité antérieure de la plaque nivelante est retroussée et la plaque elle-même est inclinée sur l'horizontale, exerçant ainsi un effort progressif sur la couche de tourbe.

Celle-ci est découpée suivant deux directions perpendiculaires. Une bande est découpée pendant qu'une autre bande vient se placer dans la machine. Le découpage transversal s'effectue au moyen d'un arbre à couteaux circulaires placé sur la partie postérieure du châssis et animé d'un mouvement transversal alternatif. Le mouvement de cet arbre est réalisé par l'arbre principal, par l'intermédiaire de tambours, câbles et poulies.

Pour le découpage des bandes dans le sens longitudinal, le chariot est muni à la partie postérieure d'un arbre transversal horizontal qui repose sur des bras articulés à l'arrière de la machine, de façon à pouvoir se déplacer dans le plan vertical. L'arbre est muni de couteaux circulaires semblables aux précédents, et peut être élevé ou abaissé à volonté au moyen de leviers montés sur le chariot. Quand l'arbre est levé le chariot peut être avancé ou reculé sans que les couteaux touchent la tourbe, mais si l'arbre est baissé, les couteaux découpent des bandes longitudinales dès que le chariot avance ou recule.

Comme il peut être nécessaire que la tourbe soit coupée en briquettes rectangulaires de dimensions variées, les couteaux circulaires sont montés de manière qu'ils puissent être facilement et rapidement déplacés sur l'arbre et solidement fixés dans les nouvelles positions.

Machine à étendre Moore (1). — Cette machine consiste en un châssis portant à l'arrière une gouttière transversale dans laquelle tourne une vis sans fin distributrice, alimentant une série de moules. Le châssis repose sur le sol au moyen de deux carterpillars placés à l'avant et commandés indépendamment par un moteur placé sur le châssis et commandant également les appareils de moulage et de distribution.

La tourbe brute, amenée par une voie portative ou par un transporteur à câble aérien, est déversée dans une trémie alimentant la vis sans fin distributrice. Celle-ci distribue la matière à une série de petites vis sans fin ayant leur axe dans la direction du mouvement de l'appareil et comprimant la tourbe dans les moules dont la forme est légèrement conique. Chacun de ceux-ci donne par suite un ruban plus ou moins continu de tourbe dont trois faces sont exposées à l'air. Une machine Moore est en service à la tourbière du gouvernement Canadien à Alfred (Ontario).

Machine Anrep. — Cette machine est composée d'un châssis reposant directement sur le sol à sa partie arrière et par l'intermédiaire de 4 rouleaux à l'avant. La tourbe est déchargée dans un magasin comprenant la moitié antérieure de la plate-forme de la machine. Ce magasin alimente une vis sans fin transversale qui comprime la matière sous des cylindres fous. On obtient ainsi un gâteau uni et régulier

---

(1) A. ANREP, *Recherches sur les tourbières et l'industrie de la tourbe au Canada* (1913-1914), page 179.

que des couteaux verticaux fixes découpent en bandes au fur et à mesure de l'avancement. D'autres couteaux transversaux peuvent, si on le désire, découper les rubans en briquettes.

Nous n'insisterons pas sur ces appareils d'étendage de la tourbe qui ne semblent pas voués à un grand succès en France à cause de la faible étendue unitaire de nos tourbières. Nous examinerons maintenant les méthodes employées pour l'étendage de la tourbe.

La figure 27 représente le plan d'une petite exploitation : la tourbe extraite par le piqueur est jetée dans une brouette qu'un manœuvre transporte sur

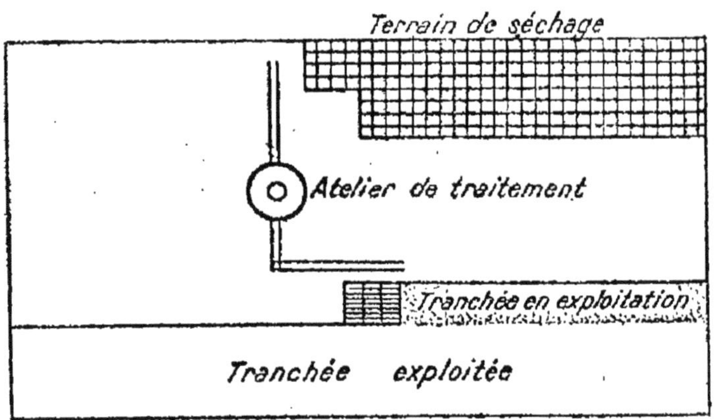

Fig. 27. — Schéma de la disposition d'une exploitation de faible importance.

un chemin de planches à la machine de traitement située à proximité. Lorsqu'il sera possible, on supprimera même cette manutention, en rapprochant l'atelier de traitement. Le piqueur déversera la tourbe extraite sur une courroie convoyeuse alimentant la machine.

La tourbe traitée est reprise dans une brouette et transportée au terrain de séchage dont les dimensions auront été choisies, lorsque cela est possible, telles que le déplacement du lieu d'étente suive toujours le déplacement de l'atelier de traitement.

Lorsque l'exploitation est importante, les trans-

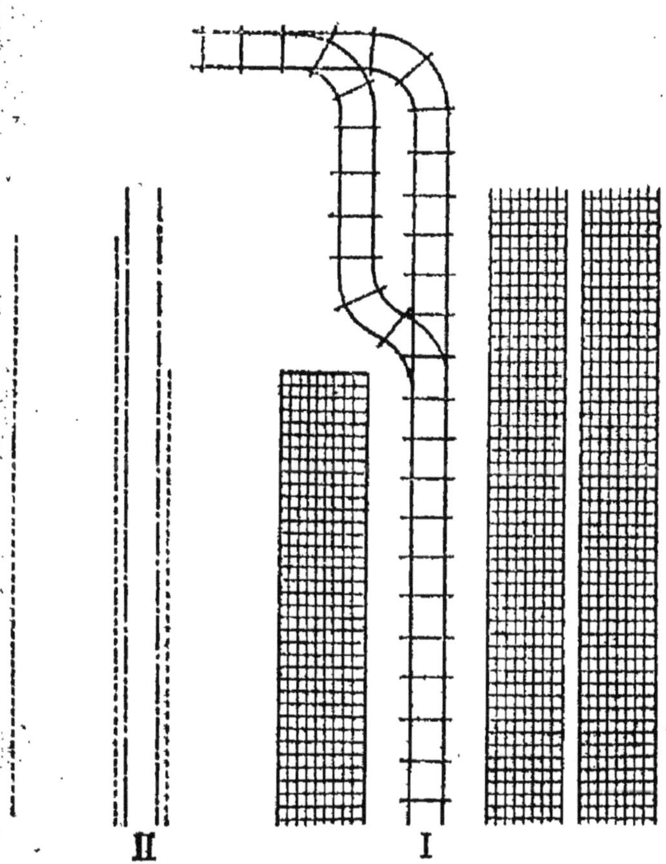

Fig. 28. — Méthode d'étendage à voie droite unique.

ports au terrain de séchage s'effectuent ainsi que

nous l'avons vu (page 85) au moyen d'une voie portative ou d'un câble aérien. Les méthodes employées pour le transport des wagons chargés à l'aller et vides au retour sont nombreuses. Nous exposerons les principaux dispositifs employés :

Lorsque la production de l'exploitation est faible, soit 20 à 25 tonnes de tourbe séchée à l'air par journée de 10 heures, on peut avantageusement employer la méthode représentée par la figure 28. Dans ce cas une voie portative unique et une contre-voie de croisement suffisent : le wagonnet chargé est amené au terrain de séchage, déchargé à droite et à gauche et ramené à la voie d'évitement où il laisse passer le wagonnet chargé suivant.

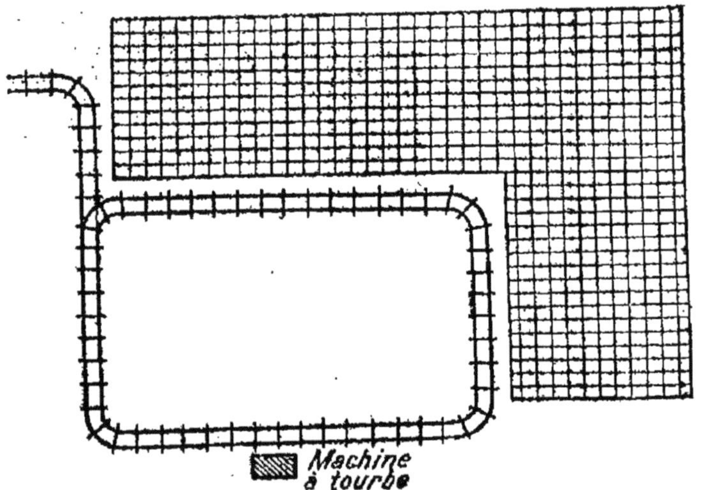

Fig. 29. — Méthode d'étendage à voie circulaire.

Dès que la partie du champ de séchage qui peut facilement être atteinte de la voie est couverte, on

déplace la voie de la position I à la position II, indiquée en lignes ponctuées sur la figure.

Une méthode de transport très utilisée en Allemagne est représentée par la figure 29. Elle est basée
sur l'emploi d'une voie circulaire permettant ainsi de
se servir d'un nombre de wagonnets aussi grand que
l'on veut et pouvant se suivre sans interruption; ce
qui convient très bien pour les grandes produc-
tions.

Cette méthode a l'inconvénient d'augmenter dans
une forte proportion l'espace à parcourir et de nécessiter un personnel plus
nombreux. La voie est
constituée par des sec-
tions de longueur con-
venable que l'on retire
au fur et à mesure que
le terrain de séchage se
couvre.

Les figures 30 et 31
représentent d'autres
modes de transport
au terrain d'étendage
au moyen de voies cir-
culaires.

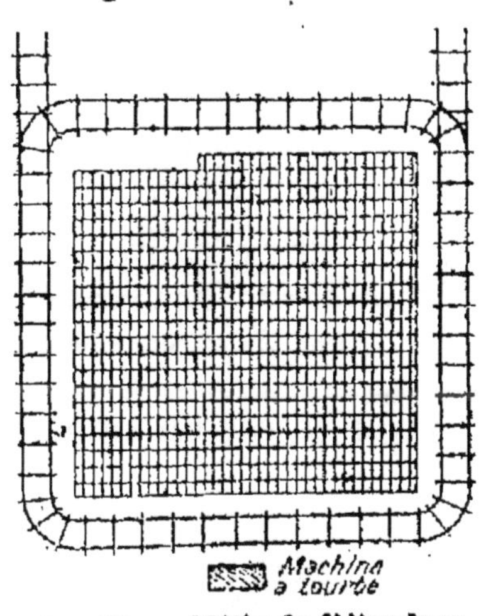

FIG. 30. — Méthode d'étendage
par voie circulaire.

Emmagasinage. —
L'emmagasinage de la tourbe présente une grande
importance. Dans les petites installations rurales
où le combustible est réservé au chauffage domestique on constitue simplement des meules recouvertes
de paille ainsi que nous l'avons vu précédemment.
Cette simple disposition suffit à protéger plus ou
moins efficacement les briquettes contre la pluie et

la gelée, mais ne saurait convenir lorsqu'il s'agit d'emmagasiner des quantités importantes.

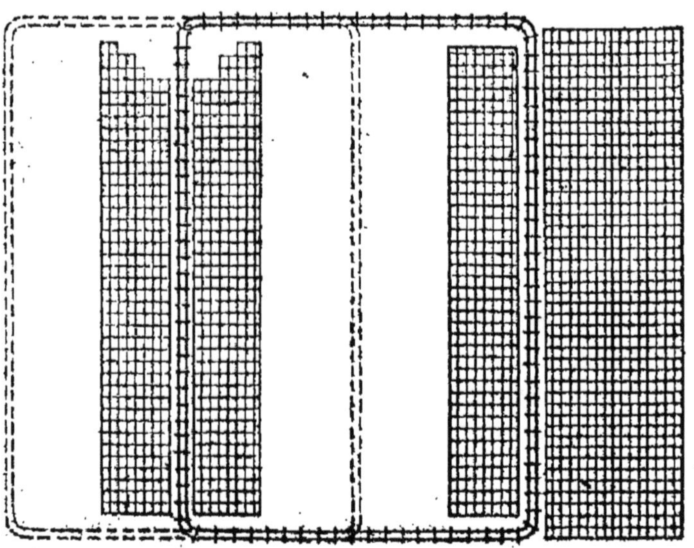

Fig. 31. — Méthode d'étendage par voie circulaire.

Dans ce cas on emploie assez fréquemment, dans

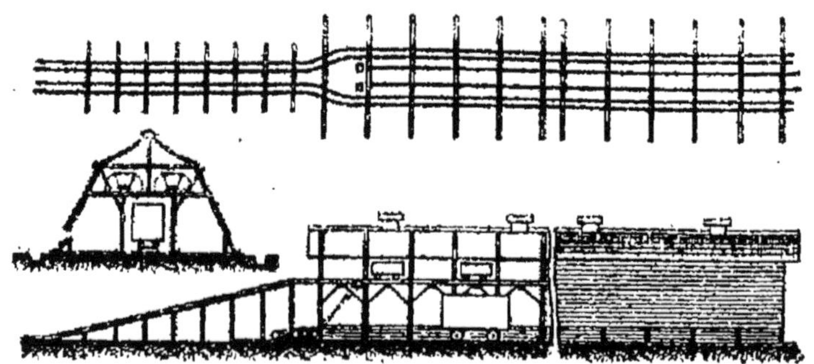

Fig. 32. — Hangar à tourbe système Anrep.

les pays où l'industrie tourbière est développée, les

hangars Anrep (fig. 32). Ces hangars en bois comportent à l'étage supérieure deux chemins de roulement par lesquels les wagonnets sont hissés au moyen d'un treuil et déchargés. La partie inférieure peut comporter 3 compartiments, le compartiment central étant parcouru par une voie normale pour l'expédition de la tourbe, les deux autres servant de magasin.

CHAPITRE V

COMBUSTION DIRECTE DE LA TOURBE

Pouvoir calorifique de la tourbe. Dans beaucoup de campagnes, la tourbe séchée à l'air pendant l'été sert au chauffage domestique durant tout l'hiver. Cet emploi de la tourbe est peu avantageux, la tourbe dégageant en brûlant une fumée intense d'odeur âcre très désagréable.

Le pouvoir calorifique de la bonne tourbe séchée à l'étuve est, d'après Péclet, de 5.190 à 5.460 calories. D'après Tresca la combustion de la tourbe carbonisée ou sèche dégage 5.000 calories. Son volume, comparé à celui du même poids de houille, est alors cinq fois et demi plus grand.

Le tableau ci-contre donne la puissance calorifique de diverses tourbes, contenant environ 20 % d'humidité.

TABLEAU

Pouvoir calorifique de diverses qualités de tourbes (1).

ORIGINE	POUVOIR CALORIFIQUE
	Calories
Bresles (noire)............................	4.774
Bresles (mousseuse).......................	3.957
Thésy (Somme) 1ʳᵉ.........................	4.490
Thésy (Somme) 2ᶜ..........................	3.914
Bourdon 1ʳᵉ...............................	4.232
Camon	4.132
Long (Somme)..............................	4.100
Vulcaire (Somme)..........................	4.050
Champ-de-Feu.............................	4.080
Marais-Vernier (Eure).....................	3.250
Moyenne de tous pays......................	3.250

La tourbe est en outre un combustible de densité faible et par suite encombrant. Pour charger une grille de foyer d'une quantité de tourbe correspondant au pouvoir calorifique de la houille, on serait conduit à une épaisseur exagérée de la couche du combustible et exposé à tous les inconvénients qui en découlent.

Le tableau ci-après permet de se rendre compte que la tourbe est l'un des combustibles les plus légers après le bois :

(1) D'après LARBALÉTRIER, *La tourbe et les tourbières.*

Densité et composition de divers combustibles (1)

COMBUSTIBLES	COMPOSITION, DÉDUCTION FAITE DES CENDRES			
	DENSITÉ	CARBONE	HYDROGÈNE	OXYGÈNE ET AZOTE
Anthracite	1,46 à 1,34	74,89 à 92,85	4,28 à 2,55	3,19 à 2,16
Houille grasse	1,30	89,19 à 89,04	5,31 à 4,93	6 à 5,50
Houille maigre..............	1,30	78,26	5,35	16,39
Lignite parfait	1,25	73,79	5,29	10,92
Lignite terreux	1,10	66,96	5,27	27,77
Tourbe	1,05	61,05	6,45	32,50
Bois	1,00 à 0,70	49,07	6,31	44,62

(1) D'après REGNAULT.

L'examen de ce tableau permettra en outre de remarquer que plus un combustible est de formation récente et plus il contient d'oxygène et d'azote; plus sa composition se rapproche donc de la composition moyenne des bois.

« L'anthracite est donc, dans cette série, dit Regnault, le terme opposé du bois; et si l'on doit admettre que toute la série des combustibles dérive de l'accumulation et de la décomposition des végétaux, on est conduit à admettre également que les conditions de décomposition qui ont transformé ces végétaux ont une puissance décroissante.

« La composition de chaque type de combustible explique également les phénomènes de sa combustion. L'anthracite et les houilles anthraciteuses doivent à l'excès du carbone la lenteur avec laquelle ils brûlent et l'absence de flamme; dans les houilles grasses maréchales, la fusibilité résulte de ce que les proportions de l'hydrogène et du carbone atteignent leur maximum; enfin, les houilles maigres à longue flamme et les lignites sont dans les conditions les plus favorables à la production de la flamme, mais, par contre, ils ne peuvent laisser, après la combustion des gaz, qu'une faible proportion de coke.

« La table des densités (voir le tableau) qui accompagne la table des variations chimiques des combustibles indique une loi de décroissance qui est aussi un des caractères les plus saillants dans la série des combustibles. »

Chauffage   En principe on peut utiliser la tourbe domestique, dans tous les poêles de cuisine ou de chauffage où l'on brûle ordinairement du charbon.

Cependant il existe des poêles de chauffage spéciaux pour la combustion de la tourbe, parmi lesquels nous citerons comme l'un des meilleurs le poêle Reck (Danemark) (fig. 33).

La fig. 34 représente l'appareil construit par l'Aktiebolaget Ankarsum Bruk (Suède). Ce poêle est constitué par un revêtement de briques spéciales munies de couloirs à air assurant toujours une arrivée d'air suffisante pour la combustion. Ce système évite les explosions qui peuvent parfois se produire avec les poêles ordinaires surtout lorsque le combustible contient beaucoup de poussier.

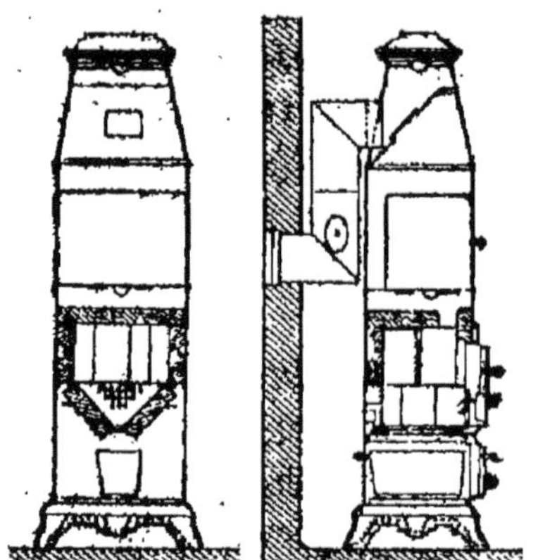

FIG. 33. — Poêle à tourbe Reck.

En outre, un dispositif particulier assure le réchauffage de l'air avant son arrivée sous la grille et augmente ainsi le rendement de l'appareil.

Emploi de la tourbe sur les grilles des foyers industriels. — *Grilles mécaniques.* — Des essais ont été effectués au Pont-de-Buis sur des grilles Babcok et Wilcox soufflées. Le combustible employé était une tourbe extraite dans la région, et séchée à l'air, contenant encore jusqu'à 40 % d'eau. Les briquettes étaient transportées du lieu d'extraction à la chaufferie par un Decauville et là, étaient concassées comme du charbon tout venant avant leur chargement dans les trémies des grilles mécaniques.

Au point de vue du rendement il y a lieu de compter, pour une même vaporisation, sur un poids de tourbe deux fois plus fort que celui du charbon de bonne qualité à 7.500 calories environ.

La tourbe brûlant plus vite que le charbon, il est nécessaire de charger en couches assez épaisses et d'avoir une vitesse de rotation de la grille plus grande qu'avec du charbon.

On arrive ainsi à marcher à des allures de 150 à 200 kilogrammes par mètre carré de surface de grille et par heure.

Grilles à échelons. — Ces grilles sont les plus efficaces pour la combustion de la tourbe. Elles se composent de barreaux disposés en gradins (fig. 35). le chargement de la tourbe s'effectuant par la partie supérieure, le combustible descend le long de la

Fig. 34. — Poêle à tourbe construit par l'Aktiebolaget Ankarsum Bruk.

grille dont l'inclinaison est de 40 à 45 degrés. L'arrivée de l'air nécessaire à la combustion se fait sous la grille.

Une grille à échelons automatique système Kowalsky fonctionne à Oriechovo (Russie).

Nous signalerons encore les foyers Godillot à grilles à échelons, étudiés pour l'utilisation des mauvais combustibles.

Foyers Godillot. — Le foyer Godillot, étudié pour

l'utilisation des combustibles pauvres et humides en général, se compose d'une grille formée de barreaux demi-circulaires (fig. 36) à diamètre progressif et se recouvrant en lames de persiennes. Ces foyers sont pourvus d'une alimentation mécanique en combustible afin d'économiser la main-d'œuvre et d'éviter les rentrées d'air si préjudiciables à la bonne marche de la combustion. Une hélice en fonte à auget croissant (afin d'éviter les engorgements) puise le combustible dans un magasin et le déverse au sommet de la grille.

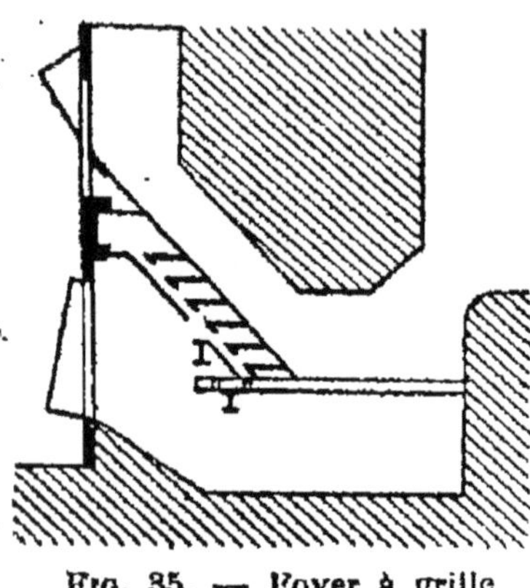

Fig. 35. — Foyer à grille à échelons.

Ces foyers peuvent d'ailleurs être alimentés de combustibles riches comme la houille, mais, dans ce cas, il convient d'assurer le refroidissement de la grille qui ne peut pas résister à une température aussi élevée. Ce refroidissement s'obtient par aspersion des barreaux par en dessous, avec de l'eau pulvérisée. Cette aspersion présente, en outre, l'avantage d'éviter l'adhérence de la houille aux barreaux. Un grand nombre de ces foyers sont actuellement en service et brûlent les combustibles les plus variés. Nul doute qu'ils ne donnent d'excellents résultats avec la tourbe.

Enrichissement de la tourbe. *Procédé Teissier.* — La tourbe est un combustible dont le pouvoir calorifique est faible. Il existe, par contre, des hydro-

carbures liquides dont le pouvoir calorifique est très
élevé (12.000 calories). En faisant donc absorber ces
hydrocarbures liquides (huiles lourdes de pétrole,
huiles de distillation des goudrons, etc.) par la tourbe

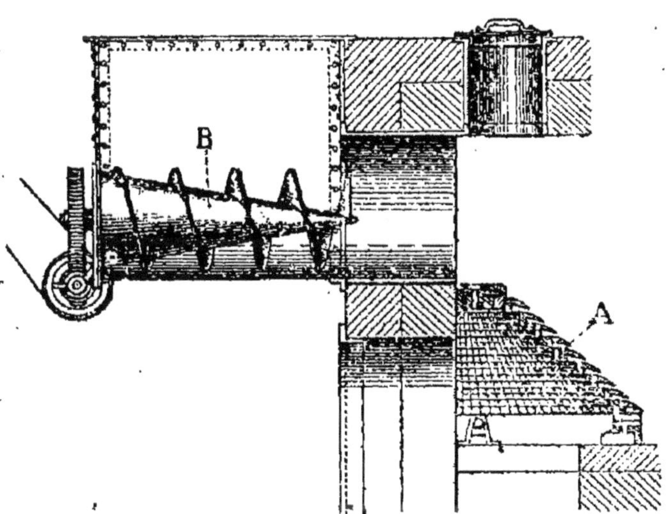

FIG. 36. — Foyer Godillot pour combustibles pauvres.

dans une certaine proportion, on augmentera d'autant
le pouvoir calorifique du combustible.

Si, par exemple, à 1 kilogramme de tourbe à 3.500
calories, on ajoute 10 %, soit 100 grammes d'une huile
de pétrole dont la combustion dégage 12.000 calories
au kilogramme, le pouvoir calorifique du produit

obtenu sera égal à $(3.500 + 1.200)\dfrac{10}{11} = 4.270$ calories.

L'avantage est donc appréciable.

Le prix de revient de ce traitement est assez faible.
La tonne d'huile de pétrole revient à environ 350 fr.

en moyenne, soit 35 à 40 francs par tonne de tourbe traitée.

Dans le procédé de MM. Teissier, la tourbe est amenée à une teneur en humidité de 30 % par malaxage suivi de compression et d'étendage. A la sortie de la presse, le ruban de tourbe est coupé en petits cubes de 10 centimètres environ de côté. Une fois secs, ceux-ci sont réunis en tas et arrosés d'hydrocarbures pendant que des ouvriers assurent le mélange de la masse.

Dans les installations importantes, l'opération peut se faire dans une bétonnière, et les hydrocarbures peuvent être obtenus par la distillation d'une partie de la tourbe elle-même dans un gazogène marchant à l'allure froide.

Aussitôt traitée, la tourbe peut être chargée et expédiée.

D'après le procès-verbal des *Essais du Conservatoire national des Arts et Métiers* (29 mars 1917), une tourbe à 3.100 calories a donné, après transformation par les procédés Teissier, un pouvoir calorifique de 7.675 calories.

Des essais effectués, le 21 août 1917, à Hodent (Seine-et-Oise), à l'usine de la Compagnie Franco-Américaine de Pansements, pour le chauffage d'une machine demi-fixe, type Wolff 35/45 HP 1909, ont permis d'obtenir la pression de 12 kilogrammes en 1 h. 10 au moyen de la tourbe enrichie, alors que ce temps était de 4 heures avec la tourbe simplement desséchée à l'air et de 2 heures avec le charbon tout-venant.

La tourbe améliorée brûle avec une flamme très active et presque pas de fumée.

Le combustible ainsi traité peut également conve-

air pour la fabrication du gaz d'éclairage. Aux essais effectués à la température de 700 degrés sans aucune modification aux installations des usines à gaz, le rendement a été de 472 mètres cubes de gaz.

Procédés divers. — Des essais relatifs à un autre procédé ont été tentés par la Quebec Peat Fuel Company il y a quelques années à la tourbière Leparc (Canada) (1) sur une tourbe ayant la composition moyenne suivante :

Carbone fixe	27,8 %
Matières volatiles	69,5
Cendres	2,7
Azote	0,9

Le procédé consistait à traiter mécaniquement la tourbe et sécher le produit brut dans un four électrique. Quand un degré de dessiccation suffisant était obtenu, la tourbe était additionnée d'huiles lourdes, puis comprimée dans des moules cylindriques.

Les bâtiments de cette société ayant été détruits par un incendie en 1901, l'exploitation de ces procédés a été abandonnée depuis.

Un inventeur américain (2) a imaginé un procédé pour la fabrication d'un combustible par addition à la tourbe de certains produits chimiques qu'il ne désigne pas.

La poudre de tourbe. La tourbe sous forme de poussière étant plus facilement séchée et donnant,

(1) A. ANREP, *Recherches sur les tourbières et l'industrie de la tourbe au Canada* (1911-12), pages 18, 19.

(2) *Journal of the Canadian Peat Society.*

d'autre part, un meilleur rendement dans les foyers, par suite de la combustion plus complète, des essais ont été effectués il y a quelques années dans le but d'obtenir le combustible sous la forme de poudre. Actuellement, un certain nombre de fabriques de poudre de tourbe sont en activité, particulièrement en Suède. Dernièrement des essais ont eu lieu en Suisse pour assurer le chauffage des chaudières de locomotives au moyen de ce combustible pulvérisé.

Sous cette forme le combustible ne donne ni suie, ni crasse et sa flamme est régulière (1).

D'après les essais faits par la Steam Boiler Society, 1 kilogramme de houille équivaut à 1,4 kilogramme de poudre de tourbe. Par contre, la teneur en cendres de la tourbe en poudre est légèrement plus élevée, une certaine proportion de la matière se consumant au séchage. La poudre de tourbe peut être employée avantageusement dans les fours à flammes des verreries, fabriques de ciment et des industries sidirurgiques; elle permet d'obtenir les plus hautes températures nécessaires.

Nous décrivons la méthode Eklund pour la fabrication de la poudre de tourbe, méthode employée par la Aktiebolaget Torfs Factory à la tourbière de Baeck (2) (Suède) :

La tourbe, séchée à l'air, est emmagasinée dans des hangars où elle est reprise en temps utile et chargée dans des wagons à bascule d'une capacité moyenne

---

(1) *Stockholm Aftobladet* (9 mars 1912).

(2) A. ANRER, *Recherches sur les tourbières et l'industrie de la tourbe au Canada* (1910-1911), Journal of the Canadian Peat Society (août 1913).

de 1 mètre cube. Ceux-ci sont élevés par un câble et un treuil à l'étage situé au-dessus des broyeurs où ils sont déchargés dans la trémie d'alimentation des broyeurs. (Ceux-ci consistent en une paire de cylindres à dents.) En sortant de ces appareils la tourbe tombe directement dans le finisseur formé de deux disques à dents animés d'un mouvement de rotation rapide. Ces deux disques tournent en sens inverse l'un de l'autre et les dents sont disposées de façon à pouvoir s'entrecroiser.

A la sortie du finisseur la tourbe, parfaitement désagrégée, tombe sur un crible à fin, où la plus grande partie des fibres sont enlevées. La matière criblée est transportée au four par une courroie et est ensuite élevée à la partie supérieure du four par une chaîne à godets. A sa sortie du four, la poudre séchée passe sur un nouveau crible à fin qui donne environ 40 à 50 % de matière finie; le reste passe sur un crible à gros qui sépare les fibres des morceaux de tourbe insuffisamment broyés.

La poudre criblée au fin passe ensuite dans un moulin à la sortie duquel elle est mise en sacs. On obtient une poudre très fine.

Le tableau ci-après donne les résultats d'un des essais effectués à Baeck (Suède) :

TABLEAU

	HUMIDITÉ %	MATIÈRES VOLATILES %	CARBONE FIXE %	CENDRES %	POUVOIR CALORIFIQUE DU COMBUSTIBLE Cal/kg.	VALEUR CALORIFIQUE INFÉRIEURE Cal/kg.
Tourbe brute........	53,8	32,0	11,4	2,0	5.460	2.060
Tourbe séchée au four.	14,0	»	»	»	»	»
Poudre finie.........	13,6	58,2	25,1	3,1	5.650	4.540
Poudre pour chauffage	13,6	»	»	»	5.720	4.610

Poids de la tourbe sèche (poudre finie)....   3.722 kgs.
Tourbe sèche non finie..................   1.146 —
Fibre sèche...........................   116 —

       Total ....   4.984 kgs.

Poids de tourbe employé pour chauffer le four : 752 kilogrammes.

Poids de tourbe employé pour mettre le four en marche : 135 kilogrammes.

La consommation de poudre dans le four est de 14,4 % du produit fini.

Pour déterminer le rendement du four il convient de tenir compte, outre la teneur en humidité de la tourbe, de la proportion de fibre contenue dans la masse et qui exerce une résistance à l'évaporation.

La production du four a été de 15 tonnes de poudre

à 12 ou 13 % d'humidité (par 24 heures) en partant de tourbe à 50 % d'humidité, et de 21 tonnes avec de la tourbe à 40 % d'humidité. Dans le premier cas le four consommait 12 %, dans le second 9 % de la production en poudre de tourbe.

Le service du four est assuré par deux équipes de 12 heures. Chaque équipe comprend 7 hommes et 2 gamins :

1 homme et 1 gamin pour charger la tourbe dans les hangars;

1 homme pour le chargement du broyeur à gros;

1 homme dans la chambre du broyeur;

2 hommes au moulin;

1 hommes au four;

2 hommes au moteur;

1 gamin amenant la tourbe et la cassant pour l'alimentation du foyer de la chaudière.

Les frais d'installation d'un atelier à poudre de tourbe comprenant deux fours, un moteur à gaz de 175 chevaux, 3 broyeurs, 3 moulins et 8 appareils de manutention s'établissent de la façon suivante :

Bâtiments	33.750 fr.	»
2 fours complets...................	24.300	»
Câbles et courroies de manutention...	8.100	»
3 broyeurs.........................	10.000	»
3 moulins..........................	8.500	»
Manutention d s broyeurs aux moulins	4.000	»
Élévateurs	8.700	»
Station centrale 175 HP	67.500	»
Atelier de réparation..............	2.700	»
Divers	1.275	»
Total à reporter...........	168.825 fr.	»

Report..........	168.825 fr.
Bureaux et maisons d'habitation......	18.900
Magasins	6.750
	194.475 fr.
Intérêt 4 % amortissement 5 % sur bâtiment de 60.000 francs	5.345 fr.
Intérêt 4 % amortissement 7 % sur machines de 135.000 francs	14.850
Gérance de l'usine...................	6.750
Taxes de fabrication.................	575
Assurances........................	675
Divers	1.400
Total	**29.695 fr.**

Les résultats d'exploitation sont les suivants :
L'usine doit être amortie en 20 ans.

L'excavateur débite 40 mètres cubes par heure.

Après drainage la profondeur moyenne de la tourbière est de 2 m. 5. L'extraction est poursuivie de jour et de nuit pendant 120 jours. Un hectare de tourbière contient 25.000 mètres cubes de tourbe brute correspondant à 3.500 tonnes de tourbe à 30 % d'humidité.

La production annuelle des excavateurs est de 115.000 mètres cubes.

Pendant 180 jours on a traité de la tourbe brute à 40 % d'humidité. La production de poudre a été de 180 × 42 = 7.560 tonnes, dont 9 % soit 680 tonnes ont été utilisées pour le chauffage du four; les 6.880 tonnes restant contenant 12 % d'humidité.

Pendant 100 jours on a produit 3.000 tonnes de poudre de tourbe en partant de tourbe brute à 50 % d'humidité dont 12 % ont servi au séchage laissant

2.640 tonnes de poudre à 12 % d'humidité pour la vente. Comme résidu de fabrication on obtient en outre des quantités assez intéressantes de fibres pouvant être utilisées comme litière.

La fabrique emploie le personnel suivant :

8 hommes;

1 chauffeur pour le moteur;

1 contremaître.

Le prix de revient de la poudre de tourbe en partant de la tourbe brute à 40 % s'établit ainsi :

Production : 6.880 tonnes de poudre.

Salaires : (86 fr. par jour) 86 × 180....	15.480 fr.	»
10.620 tonnes de tourbe à 40 % d'eau..	37.276	»
1.050 tonnes de tourbe à 40 % d'eau pour poudre pour le chauffage des fours	3.685	»
180 × 0,800 = 144 tonnes de tourbe à 30 % d'eau pour la mise en marche des fours; à fr............................	596	»
1,3 × 175 × 24 × 180 = 983 tonnes de tourbe à 30 % d'eau pour moteur à gaz; à fr............................	3.891	»
Intérêt amortissement $\frac{180}{230}$	19.095	»

Prix de revient :	Par tonne.......	11 fr.	65
—	Usure des sacs...	0	54
—	Divers	0	09
	Total	12 fr.	28

En partant de tourbe à 50 % d'humidité le prix de revient s'établit ainsi :

Salaires : 86 × 100....................	8.600 fr.
A reporter.......	8.600 fr.

Report	8.600 fr.
4.890 tonnes de tourbe à 50 % d'eau pour poudre	14.192
666 tonnes de tourbe à 50 % d'eau pour chauffage	1.933
$180 \times 800 = 144$ tonnes de tourbe à 30 % d'eau pour la mise en marche des fours.	324
$1,3 \times 175 \times 24 \times 100 = 546$ tonnes de tourbe à 30 % d'eau pour les moteurs à gaz	2.210
Intérêt amortissement et $\dfrac{100}{280}$	10.610
Total	37.869 fr.

Par tonne.............	14 fr.	35
Usure des sacs..........	0	54
Divers	0	09
Total	14 fr.	98

Comme sous-produits, on obtient :

329 tonnes de fibre à 40 % d'eau pour la litière.
167 tonnes de fibre à 50 % d'eau pour la litière.
Le prix de la première est de 16 fr. 20 la tonne.
Le prix de la seconde est de 10 fr. 80 la tonne.
Le coût moyen de la tonne de poudre de tourbe ressort alors à 12 fr. 15.

Il faut cependant remarquer que la tourbière de Baeck se trouve dans des conditions particulièrement favorables et que, dans la généralité des cas, le prix de revient sera plus élevé que le prix indiqué ci-dessus.

D'ailleurs la question de la poudre de tourbe n'est pas encore complètement au point et les avis sont partagés sur ses avantages.

En 1907 des essais ont été effectués en Suède sous la direction du professeur Odelstjerna, dans un four pour la fusion de l'acier. Les résultats obtenus sont résumés ci-dessous (1) :

1º L'allumage du combustible dans le foyer s'effectue facilement sans aucun danger de combustion spontanée;

2º La combustion peut être réglée de façon à être complète, aucune trace de tourbe non brûlée ne se retrouve dans les cendres;

3º Le changement de la flamme oxydante en flamme réductrice s'obtient aisément;

4º En utilisant la poudre de tourbe dans l'appareil Ekelund on peut régler une fois pour toutes les arrivées d'air et de combustibles au moyen des registres;

5º La poudre de tourbe permet d'obtenir les températures les plus élevées qui puissent exister dans les fours. La consommation est beaucoup moindre qu'avec les autres combustibles solides. On peut l'utiliser dans les fours de verrerie, les fours à acier, etc.;

6º Les fours marchant à la poudre sont d'un prix de construction beaucoup plus bas que ceux employant d'autres combustibles.

Il existe divers appareils destinés à brûler la poudre de tourbe.

Nous citerons l'appareil F. de Camp (fig. 37) composé d'une trémie alimentant un transporteur hélicoïdal amenant la poudre sur un tamis rotatif où elle est divisée par un courant d'air aspiré par le

(1) NYSTRÖM, *loc.. cit*, page 189.

ventilateur, qui l'entraîne vers le foyer par une canalisation.

Le transporteur hélicoïdal est commandé par une courroie passant sur une poulie conique qui permet d'obtenir ainsi une alimentation plus ou moins intensive. Le réglage est complété par un registre qui agit sur l'arrivée d'air.

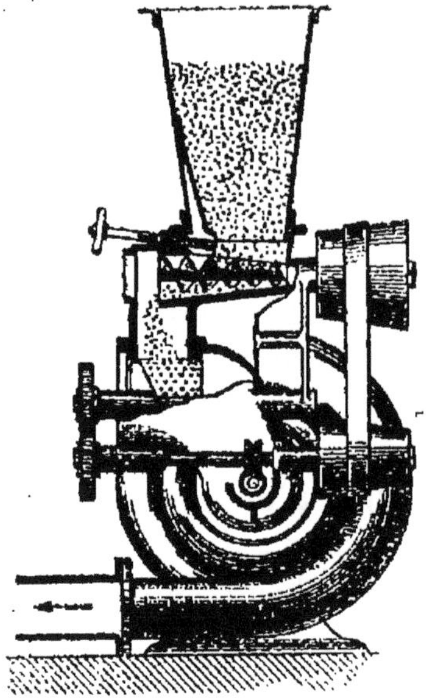

Fabrication des briquettes de tourbe comprimée. — La tourbe, par suite de sa faible densité, est un combustible encombrant, c'est particulièrement ce défaut qui met obstacle à la généralisation de son emploi, les frais de transport élevant le prix de la tonne dans des proportions excessives.

Fig. 37. — Appareil F. de Camp pour chauffage à la poudre de tourbe.

Aussi depuis très longtemps a-t-on eu l'idée de comprimer la tourbe dans des presses puissantes pour la mouler en briquettes de grande densité :

Dès 1853, Gwynne, en Angleterre, imagina un procédé pour la fabrication de la tourbe comprimée. La méthode s'est depuis, perfectionnée. Jusqu'à l'heure actuelle quatre installations de tourbe comprimée ont été ou sont en fonctionnement, à savoir : une à Irinowska (Russie) à une presse; une à Langenberg et une à Ostrach (Allemagne) avec chacune une presse et une à Halenaven (Hollande) comportant deux presses. Aucune de ces quatre usines n'a donné de résultats industriels.

Nous nous bornerons donc ici à donner quelques renseignements généraux sur le procédé et le matériel employés pour la fabrication des briquettes :

La tourbe séchée à l'air est pulvérisée finement au moyen d'un appareil à cylindres. Puis la poudre ainsi obtenue est transportée aux appareils de séchage.

Ceux-ci sont de deux genres : les séchoirs à plateaux à vapeur et les séchoirs rotatifs.

Les séchoirs à plateaux à vapeur consistent en plaques de fonte creuses, disposées les unes au-dessus des autres et dans lesquelles circule de la vapeur. Des racloirs rotatifs portés par l'arbre central commun à tous ces plateaux remuent la substance au cours de l'opération.

Les séchoirs rotatifs consistent en un cylindre en tôle ayant une inclinaison de 7 degrés et tournant sur deux tourillons. L'intérieur du cylindre comprend des tubes longitudinaux à circulation de vapeur. La poudre sortant du séchoir est, s'il est nécessaire, passée de nouveau au tamis et au moulin et amenée aux appareils de refroidissement. Ceux-ci ont pour but d'abaisser la température de la poudre pour en éviter l'inflammation au cours de l'opération de la mise en briquettes.

Cette dernière opération s'effectue au moyen de presses à tubes ouverts, directement accouplées à une machine à vapeur. Des essais ont montré que la commande des presses par courroie ou par engrenages ne peut pas convenir.

Une installation à briquettes, comportant une

presse avec séchoir à plaques à vapeur revient, aux prix d'avant-guerre, de 250.000 à 300.000 francs. Nous étudierons rapidement les conditions dont dépend le succès d'une entreprise de fabrication de briquettes :

Nature de la tourbière. — L'installation étant d'un prix élevé, la tourbière doit pouvoir l'alimenter pendant 20 ans au moins.

Prix de revient de la matière première. — La tourbe employée pour la fabrication des briquettes est, de préférence, de la tourbe coupée. Ce procédé d'extraction est d'ailleurs assez répandu en France malgré la pénurie de main-d'œuvre. Pour abaisser le prix de revient, il convient d'employer un transporteur mécanique dans lequel les ouvriers versent au fur et à mesure les pointes qu'ils piquent dans la tourbière.

Avec la machine Strenge, dont nous avons parlé plus haut et dont le service nécessite 14 hommes, le prix de revient d'une tonne de tourbe à 50 % d'humidité est, à l'atelier de briquettes, de 3 francs. La production par journée de 10 heures est de 110 tonnes de tourbe sèche, ce qui correspond, pour la saison d'exploitation, à une production de 11.000 tonnes de tourbe sèche.

Consommation de vapeur. — Pour une installation à une presse et séchoir rotatif la consommation de combustible s'établit ainsi :

Pour mettre en briquettes (1.800 tonnes à 3 francs)...............................	5.400 fr.
Pour combustible (608 tonnes à 3 francs)...	1.825
Total...............................	7.225 fr.

Main-d'œuvre. — L'expérience de la fabrication des briquettes de lignite, qui s'effectue de la même façon que celle des briquettes de tourbe, a démontré que le coût de la main-d'œuvre pour 10 tonnes de briquettes, y compris toutes les dépenses d'outillage, est :

Avec 1 presse...........	22 fr. 70	
— 2 presses...........	20	»
— 3 presses..........	18	20
— 6 presses.........	11	15

Prix de revient de l'installation. — Le prix d'une installation à une presse a déjà été indiqué. La production annuelle d'une installation de cette puissance est de 13.000 tonnes de briquettes.

Prix de revient de la fabrication. — Ce prix peut s'établir comme suit, par tonne de briquettes :

1,8 tonnes de tourbe à 3 fr. la tonne........	5 fr. 40
Coût de la fabrication des briquettes.......	3 »
Amortissement et entretien...............	2 30
Total	10 fr. 70

Le capital nécessaire pour cette installation est ainsi composé :

Tourbière de 150 hectares à 1.000 francs l'hectare	150.000 fr.
2 machines à tourbe avec les appareils accessoires	150.000
Outillage à briquettes.................	375.000
Capital d'exploitation.................	65.C00
Total........................	740.000 fr.

Ce capital doit porter intérêt à 6 % pour les actionnaires, à 4 % pour fonds d'amortissement, soit un total de 10 % ou 74.000 francs, soit environ 6 francs par tonnes de briquettes.

Le prix des briquettes à l'usine doit donc être de 17 francs la tonne.

Ainsi que nous l'avons dit au début de ce paragraphe, on n'est pas encore parvenu à l'heure présente à industrialiser les méthodes de fabrication des briquettes de tourbe comprimée. Des essais sont actuellement poursuivis en France dans ce but, et nous ne doutons pas qu'ils n'aboutissent, un jour prochain, à d'heureux résultats.

CHAPITRE VI

DISTILLATION PYROGÉNÉE de la TOURBE

La distillation de la tourbe en vase clos avec production de gaz combustible et de coke est semblable à la distillation du bois. Cependant dans la tourbe il intervient un facteur qui n'existe pas dans le bois, à savoir la teneur en cendres. En effet, une tourbe contenant plus de 5 % de cendres est très mauvaise pour la distillation.

Suivant le mode de chauffage employé, on distingue 3 méthodes de distillation de la tourbe :

1° Par chauffage direct;

2° Par chaleur rayonnante;

3° Par vapeur d'eau surchauffée.

La fabrication du coke peut s'effectuer :

Soit au moyen de meules analogues aux meules à fabriquer le charbon de bois;

Soit au moyen de fours à coke, plus ou moins semblables aux fours à coke employés pour la distillation de la houille;

Soit par le procédé de carbonisation humide, auquel paraît réservé un grand avenir.

Carbonisation en tas. Dans ce procédé primitif on constitue des meules de 2 mètres à 2 m. 50 de dia-

mètre et de 1 m. 20 environ de hauteur contenant d
700 à 1.000 briquettes. La préparation de ces meule
est très simple et s'effectue comme pour les meules d
carbonisation du bois. On établit une cheminée cen
trale autour de laquelle on dispose concentriquement
les briquettes. On superpose des couches, de diamètre
décroissant, en réservant des lumières de temps
autre.

La meule est ensuite recouverte de terre ou de
gazon et allumée par la cheminée centrale ou par les
cheminées latérales.

Le rendement est de 24 % en poids et de 27 % en
volume avec de la tourbe un peu humide (1), mais
peut atteindre jusqu'à 35 % en poids et 49 % en volume
suivant la qualité et les conditions de la tourbe.

Il importe de laisser les meules se refroidir complè
tement avant de retirer le coke, car celui-ci est diffi
cile à éteindre et s'émiette facilement.

L'inconvénient de cette méthode de carbonisation
apparaît immédiatement. Les gaz, résultant de la
carbonisation de la tourbe qui contiennent une
partie notable de l'énergie calorifique et en outre un
certain nombre de sous-produits intéressants, s'échap
pent dans l'air et sont perdus. C'est pourquoi on a
songé depuis longtemps à effectuer cette carbonisa
tion dans des fours spéciaux.

Carbonisation en fours. Le four le plus simple
consiste à construire en maçonnerie le revêtement
des meules, décrit ci-dessus.

Ces fours, encore assez employés dans les petites

(1) LARBALÉTRIER, *loc. cit.*, page 121.

exploitations, particulièrement en Allemagne, sont constitués par une cuve cylindrique (fig. 38) en maçonnerie de 2 mètres de diamètre intérieur sur 3 mètres de hauteur et terminée à la partie supérieure par une voûte. Des events sont ménagés dans la paroi cylindrique. Une ouverture laissée dans la voûte permet le chargement de la tourbe, tandis qu'une porte pratiquée à la partie inférieure permet le défournement du coke. La cuve cylindrique est généralement constituée par une double paroi,

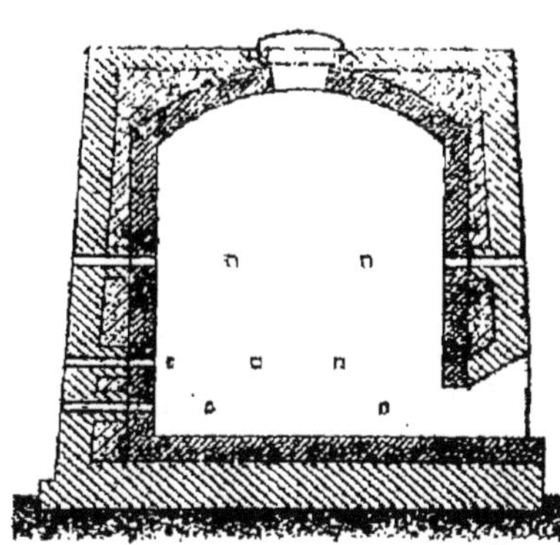

Fig. 38. — Four primitif pour la carbonisation sèche de la tourbe.

l'intervalle étant comblé par un sable mauvais conducteur de la chaleur. De mètre en mètre un moellon relie les deux maçonneries.

Au commencement de l'opération on laisse ouverts l'orifice supérieur et les events inférieurs. Dès que la tourbe est enflammée on ferme ces derniers pour ouvrir les events supérieurs.

Lorsque toute la fumée a disparu, ce qui a généralement lieu au bout de deux jours, on ferme toutes les ouvertures latérales et supérieures et on laisse ensuite refroidir pendant une semaine.

On remarquera immédiatement l'inconvénient de ce four primitif qui, de même que la meule, laisse perdre le gaz résultant de la distillation.

Un autre four simple, permettant de récupérer les gaz, consiste en une cuve cylindrique de 4 mètres de hauteur et 1 m. 50 de diamètre constituant la cornue de distillation chauffée par un foyer adjacent dans lequel on brûle du bois ou même de la tourbe. Les gaz chauds dégagés par la combustion traversent la masse des briquettes de tourbe à carboniser qui reposent sur une grille. Les produits gazeux de la distillation appelés par un ventilateur, traversent un laveur dans les eaux duquel on peut récupérer les produits ammoniacaux. Les goudrons sont également recueillis et distillés et le gaz est utilisé soit pour le chauffage, l'éclairage ou la force motrice.

La carbonisation nécessite environ une journée et l'étouffement une douzaine d'heures. Le rendement en coke est environ de 50 % du poids de tourbe sèche introduite dans la cuve de l'appareil.

Les fours que nous venons de décrire sont d'un faible rendement. Ils conviennent particulièrement aux petites exploitations rurales, mais ne sauraient être adaptés aux grandes industries. Il vaut mieux, dans ce cas, employer des fours continus à grand rendement et à récupération des sous-produits. Le procédé Ziegler a rendu commercialement possible la fabrication du coke de tourbe.

Il est basé sur les principes suivants : la tourbe est distillée à sec dans des cornues chauffées au gaz résultant de la distillation et préalablement débarrassée de tous les produits condensables.

Le four Ziegler (fig. 39) se compose de deux cornues verticales à section elliptique, d'une hauteur d'environ 15 mètres. Les cornues, partie en fonte, partie en briques réfractaires, sont entourées d'enveloppes réfractaires permettant la circulation des gaz de chauffage. Elles sont alimentées d'une façon con-

tinué au moyen de trémies supérieures et le coke est
détourné à la partie inférieure.

Les gaz non condensables sont mélangés à de l'air
préalablement réchauffé par son passage sous les

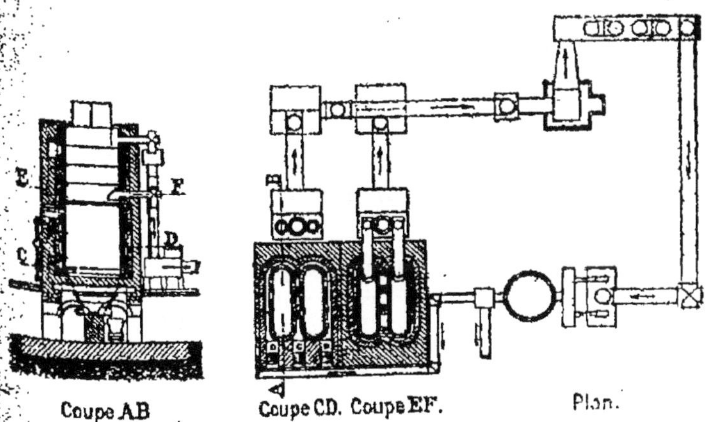

Fig. 39. — Four Ziegler pour la distillation de la tourbe.

cornues et brûlés dans l'espace annulaire séparant les
cornues de la maçonnerie réfractaire. La chaleur des
gaz brûlés est elle-même utilisée au séchage de la
tourbe (qui, pour obtenir un bon rendement, ne doit
pas contenir plus de 20 à 25 % d'humidité et avoir
également une faible teneur en cendres) ainsi qu'au
séchage du sulfate d'ammoniaque et de l'acétate de
chaux obtenus comme sous-produits.

L'analyse du coke de tourbe obtenu au four Ziegler
a donné les résultats suivants :

Carbone	87,8 %
Hydrogène	2,0
Azote	1,3
Oxygène	5,5

$$\begin{array}{ll}
\text{Soufre} \dots\dots\dots\dots\dots & 0,3 \\
\text{Cendres} \dots\dots\dots\dots\dots & 3,2 \\
\end{array}$$

Pouvoir calorifique $\begin{cases} \text{Maximum}\dots & 7.889 \text{ cal. par kg.} \\ \text{Minimum}\dots & 7.805 \quad\quad — \end{cases}$

Ce four permet également d'obtenir un produit de la carbonisation de la tourbe dénommé *demi-coke* qui est constitué par une matière incomplètement cokéfiée et contenant encore des produits volatils.

Voici l'analyse d'un échantillon de demi-coke de tourbe obtenu au four Ziegler :

Carbone	73,89 %
Hydrogène	3,59
Azote	1,49
Oxygène	14,52
Soufre	0,20
Cendres	2,50
Humidité	3,80
Pouvoir calorifique..........	6,700 cal. par kg.

Ce demi-coke, qui donne une flamme longue, est particulièrement utilisé pour le chauffage des locomotives et des chaudières à vapeur en général.

Le goudron abandonné par le gaz de la distillation de la tourbe contient une forte teneur en créosote. On peut en extraire les produits suivants :

Huiles légères pour l'éclairage;

Huiles lourdes de graissage;

Paraffine;

Phénol;

Asphalte.

Les eaux de goudron contiennent également des produits de grande valeur tels que :

Ammoniaque;

Acide acétique;

Alcool méthylique.

Trois usines fonctionnent actuellement d'après le procédé Ziegler, l'une à Oldenbourg (Allemagne), l'autre à Redkino (Russie), la troisième, de construction plus récente à Beuerberg (Allemagne).

Nous citerons encore le four à coke de Bamme, modification du four de Ziegler, le procédé Sahlstrom et le procédé Schöning et Fritz; ces deux derniers paraissent d'ailleurs n'avoir jamais donné aucun résultat. Aussi nous bornerons-nous à en indiquer le principe sans entrer dans la description des appareils employés.

Dans le procédé Sahlstrom une partie de l'eau de la tourbe est extraite par compression, puis le reste est évaporé dans un séchoir après malaxage dans un appareil approprié. La matière séchée est ensuite carbonisée dans des cylindres rotatifs à alimentation et à déchargement automatiques. Tous les produits condensables contenus dans les gaz sont récupérés et les gaz incondensables employés suivant les besoins. Le coke passe ensuite dans un refroidisseur, puis est moulé en briquettes seul, ou mélangé à des goudrons, ou bien il est pulvérisé.

Dans le procédé norvégien de Schöning et Fritz, la tourbe séchée à l'air est comprimée à très forte pression entre des plaques d'acier chaudes après avoir subi une carbonisation progressive dans trois cornues en série, chauffées par le gaz résultant de la distillation. Dans une usine d'essai construite à Stessin et produisant 77 tonnes de coke par 24 heures, le prix de revient était de 11 francs la tonne.

Prix de revient
du coke de tourbe.
Les frais d'installation pour une usine à quatre fours sont d'après la société d'exploitation des Brevets Ziegler (1) de 500.000 francs (2) et le capital d'exploitation nécessaire est de 300.000 francs, soit un total de 800.000 francs.

En supposant l'extraction de la tourbe poursuivie à la machine, pendant 100 jours par an, la tourbe étant séchée à l'air et la production étant de 36.000 tonnes pendant la saison, le prix de revient de la matière première est évalué à 5 fr. 40 la tonne — ce prix ne comprenant pas le prix d'achat de la tourbière, l'intérêt du capital, ni les dépenses générales qui font approcher ce prix de revient de la tourbe sèche de 7 fr. 50 la tonne — D'autre part ces quatre fours, traitant 100 tonnes de tourbe par jour, produisent :

Sulfate d'ammoniaque...	405 kg.	138 fr.	1[5]
Acétate de chaux........	595 kg.	155	10
Alcool méthylique	295 ls.	207	50
Huiles légères..........	1.270 ls.	207	50
Huiles lourdes..........	430 ls.	35	60
Paraffine	320 kg.	134	05
Huile de créosote........	1.395 kg.	348	75
Asphalte	200 kg.	11	
Total		1.237 fr.	65
Déduction 10 % pour frais de vente.....		123	75
Valeur réelle des sous-produits........		1.113 fr.	90

(1) *Der Oberbayerischen Kokswerke und Fabrik Chemischer Produkte Aktien Gesellschaft.*

(2) En se basant sur les prix d'avant-guerre de la main-d'œuvre et de la matière première.

Frais quotidiens nécessités par le fonctionnement et l'entretien de l'installation :

48 hommes..........................	380 fr.	»
2 contremaîtres......................	50	»
1 chimiste...........................	40	»
Acide sulfurique et chaux............	25	»
Intérêt et amortissement de 500.000 fr...	210	»
100 tonnes de tourbe séchée à l'air......	540	»
Dépenses générales..................	87	50
Dépenses totales....................	1.330 fr.	»
Valeur des sous-produits.............	1.114	»
Prix de revient du coke..............	216 fr.	»

La production quotidienne étant de 33 tonnes de coke le prix de revient de la tonne est donc de 6 fr. 54.

Le coke de tourbe trouve de nombreux emplois dans l'industrie. Demi-carbonisé, il brûle avec une plus grande flamme et convient particulièrement au chauffage des générateurs de vapeur. Le coke complètement carbonisé convient mieux pour les fours de verrerie et les fours à flamme réductrice.

Des essais effectués avec du demi-coke pour le chauffage d'une chaudière ont donné une vaporisation de 6,600 kilogrammes par kilogramme de combustible. D'autres combustibles avaient donné les résultats suivants :

Bois	3,200 kg.	de vapeur par kg.
Charbon russe.........	6,650	—
Charbon et briquettes..	7,070	—
Demi-coke de houille...	6,600	—

Le coke de tourbe s'emploie également dans l'industrie métallurgique. Aux usines de Koulebak

(Russie) le coke de tourbe permet de réaliser des températures de 2.000 à 2.100 deg. c. La combustion dégage jusqu'à 7.400 calories par kilogramme de coke brûlé.

Certains gazogènes des usines de Koulebak fonctionnent avec un mélange de coke de tourbe (60 % environ) et de bois (40 %).

Enfin le coke de tourbe est également utilisé pour la cémentation des plaques de blindages, pour la fabrication des électrodes, etc.

C'est un combustible léger, sa densité est de 0,8; sa combustion laisse peu de cendres.

Le tableau ci-dessous permettra de se rendre compte de l'enrichissement de combustible obtenu par la carbonisation après 18 et après 24 heures :

CONSTITUANTS	TOURBE BRUTE	COKE	
		après 18 heures	après 24 heures
	%	%	%
Eau	59,10	3,8	0,4
Carbone	26,12	73,89	87,8
Soufre	6,22	0,20	0,3
Hydrogène	2,02	3,59	2,0
Oxygène et azote........	10,97	16,01	6,3
Cendres	1,57	2,50	3,2

Carbonisation humide. La carbonisation humide, imaginée par M. Eckenberg de Londres, consiste à produire une sorte de demi-coke par carbonisation de la tourbe dont on a simplement exprimé une partie de l'eau par compression. La tourbe humide chaufbée sous pression perd alors sa consistance gélatineuse et peut ensuite être aisément séchée par simple compression. Ce procédé permet donc une exploitation continue des tourbières, le séchage du combustible s'effectuant entièrement par voie artificielle.

Des essais très importants de ce procédé ont été tentés, particulièrement au Canada et en Suède. Ils ne paraissent pas, jusqu'à l'heure actuelle, avoir abouti à des résultats favorables, mais les échecs n'ont pas découragé les chercheurs et il est probable qu'un jour prochain ce procédé recevra une application industrielle sur une grande échelle. Nous résumerons, ci-dessous, les résultats obtenus en 1905 à l'installation de Stafsjö (Suède) d'après le rapport de M. A. Larson au ministre de l'Agriculture de Suède (1).

Les essais étaient basés sur les résultats suivants fournis par des recherches de laboratoire sur une tourbe humide carbonisée sous pression à une température d'au moins 150 degrés :

1° La tourbe perd sa consistance gélatineuse ce qui permet alors l'enlèvement de la majeure partie de l'eau par simple compression.

2° Le traitement a pour résultat une carbonisation de la tourbe, plus ou moins complète suivant la température à laquelle est portée la masse.

3° L'opération ne dégage aucun gaz, à l'inverse de la carbonisation sèche.

4° Le coke obtenu peut aisément, après extraction de l'eau par compression, être mis en briquettes et séché artificiellement.

(1) NYSTRÖM, *loc. cit.*, page 177.

Le demi-coke résultant de la carbonisation humide
a une composition très homogène, la température
étant, grâce à l'eau, répartie d'une façon plus uniforme
à l'intérieur de la cornue; dans la carbonisation sèche
au contraire la carbonisation est beaucoup plus complète au contact des parois que dans l'intérieur de la
masse.

En outre, la carbonisation humide donne un coke
ayant une forte teneur en matières volatiles.

L'analyse des produits obtenus avec une tourbe
de Châteauneuf-sur-Rance (Ille-et-Vilaine) a donné
les résultats suivants (1) :

      Matières volatiles....... 61,3 %
      Cendres 3,1
      Charbon fixe........... 36,6

Le tableau suivant donne la composition élémentaire d'une tourbe brute et du produit carboné
humide obtenu en partant de cette tourbe brute :

TABLEAU

(1) Sur l'exploitation économique des tourbes de Châteauneuf-
sur-Rance (Ille-et-Vilaine). Note de MM. C. Galaine, C. Le Normand et C. Houlbert présentée par M. Edmond Périer à la
séance du 27 août 1917. — Comptes rendus hebdomadaires des
séances de l'Académie des Sciences, tome 165, n° 10 (3 septembre 1917).

COMPOSITION	TOURBE BRUTE	TOURBE CARBONI-SÉE HUMIDE
Carbone	56,00	60,20
Hydrogène	5,90	6,00
Azote	1,33	1,38
Soufre	0,59	0,40
Oxygène	32,68	28,32
Cendres	3,50	3,70
Pouvoir calorifique (échantillon sec)............	56,40	62,40

De nombreux essais ont été effectués pour déterminer le rôle de la température de carbonisation, de la pression, la proportion d'humidité la plus convenable et la relation entre la pression employée et la teneur en humidité de la tourbe carbonisée comprimée.

Méthode de Stafsjö. — Une usine a été érigée en 1904-1905 à Stafsjö (Suède) pour la carbonisation humide de la tourbe par le procédé Eckenberg. Le four employé est constitué par un système de deux tubes concentriques, le tube intérieur étant animé d'un mouvement de rotation lent au moyen d'une roue dentée A (fig. 40); en outre, il porte à la surface extérieure une hélice qui remplit l'espace annulaire.

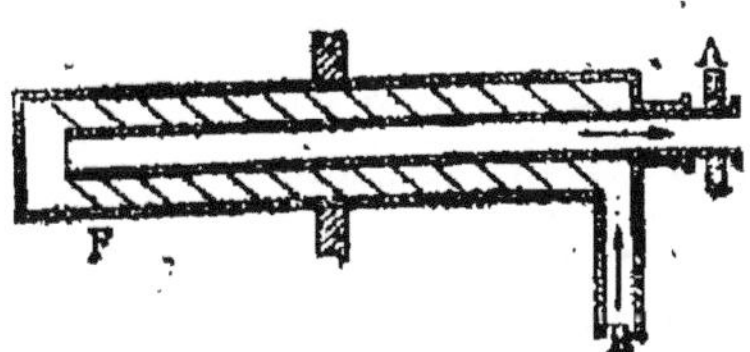

Fig, 40. — Élément d'un four à carbonisation humide de la tourbe. Procédé Eckenberg.

La masse de tourbe est, au préalable, réduite en pâte au moyen d'une machine Anrep modifiée, spécialement construite pour cette installation et commandée par un moteur électrique.

La pâte de tourbe est transportée mécaniquement jusqu'à un réservoir, où une pompe spéciale la puise et alimente le four. Celui-ci est constitué par 52 tubes doubles, tous les tubes extérieurs communiquant entre eux, et les tubes intérieurs de même. La longueur de ces tubes est de 11 mètres, une moitié étant chauffée directement par un foyer F, l'autre moitié travaillant en récupération.

Le fonctionnement du four est le suivant : la pâte de tourbe est amenée par le tuyau B et, à son arrivée dans le tube extérieur, est prise par l'hélice qui en effectue le transport vers l'autre extrémité du tube.

Dans la première partie de ce trajet, elle se réchauffe au contact du tube intérieur qui contient de la tourbe carbonisée. Elle arrive donc déjà à une certaine température dans le foyer F qui la porte à 155 deg. c. et pénètre ensuite dans le tube intérieur par lequel la tourbe carbonisée s'échappe en cédant une partie de sa chaleur à la pâte de tourbe arrivant au four.

Ce four tubulaire est assez fréquemment sujet à des dérangements provenant du dépôt de la pulpe sur les parois des tubes.

Ces dépôts peuvent se prévenir de plusieurs façons :

1° Un procédé simple consiste à mettre dans les tubes des corps solides libres tels que des barres de fer. Le mouvement de ces corps détache les parcelles au fur et à mesure de leur adhérence.

2° On peut également détacher périodiquement la tourbe carbonisée adhérente en provoquant une cir-

...lation violente dans les tubes. Cet effet sera obtenu facilement en mettant l'orifice de sortie en communication avec une enceinte à basse pression.

3° On peut également éviter les dépôts en faisant passer la tourbe à une vitesse suffisamment grande pour que toute adhérence devienne impossible.

Dans ce cas la chaleur nécessaire à la carbonisation est fournie par une enceinte maintenue aux environs de la température maxima de carbonisation et parcourue par des râteaux tournant qui préviennent tout dépôt; la tourbe est alors emmagasinée dans cette enceinte avant de parcourir les tubes.

Le prix de revient s'établit comme suit :

Le rendement est de 30.000 tonnes de tourbe carbonisée humide par année de 200 jours, période pendant laquelle la tourbière de Stafsjö peut être exploitée. La production par 24 heures est donc de 150 tonnes de briquettes; elle est obtenue au moyen de 3 presses.

La force motrice nécessaire au fonctionnement de l'installation est évaluée ainsi :

6 machines Anrep à mettre la tourbe en pâte.	360 HP
Manutention mécanique......................	60
6 pompes d'alimentation des fours à carbonisation	150
Four à carbonisation humide.............	225
Éclairage	25
	820 HP
Pertes de transmission 10 %.............	80
3 Presses à briquettes.................	300
	1.200 HP

La consommation totale de vapeur correspondant à cette puissance est de 231.700 kilogrammes par 24 heures dont la production nécessite la combustion de 46.500 kilogrammes de tourbe carbonisée humide. La production effective doit donc être de 196.500 kilogrammes de combustible.

La consommation quotidienne de tourbe brute est de 2.300 tonnes.

Le coût total pour extraction et transport est de 2 fr. 40 par tonne de briquettes.

Le service du four et la main-d'œuvre pour la fabrication des briquettes reviennent à 2 fr. 50 par tonne. En ajoutant l'amortissement, l'intérêt du capital, et les frais divers, le prix de revient de la tonne de briquettes de tourbe carbonisée humide s'élève à 11 fr. 25.

Procédé Holm. — Le procédé Holm, récemment breveté, n'a pas encore été publié. La produit obtenu a l'aspect fibreux et une couleur noire. Il s'allume facilement et brûle lentement à l'air, sans odeur, en laissant une cendre presque blanche et très légère.

Des essais ont été effectués sur des échantillons de ce produit le 8 juin 1917 au Conservatoire national des Arts et Métiers à Paris.

La tourbe séchée à l'air est carbonisée dans un four à tubes fermés à une extrémité et munis, à l'autre extrémité, d'un obturateur en amiante laissant un passage minime pour l'évacuation de la vapeur et empêchant le contact de la tourbe chaude avec l'air extérieur. Aux essais une température régulière a été maintenue constamment à 250 deg. c. dans une première série d'essais, à 300 degrés dans une seconde série. La durée de carbonisation était, dans chaque cés, de 6 heures environ, non compris la durée des périodes d'échauffement et de refroidissement. Les essais ont porté sur la détermination du pouvoir calorifique de la tourbe brute simplement séchée à l'air, du pouvoir calorifique de la tourbe carbonisée à 250 degrés et de la tourbe carbonisée à 300 degrés, et du rapport entre le poids de la tourbe carbonisée et le poids de la tourbe brute traitée.

Les résultats de ces essais sont consignés dans le tableau suivant :

TABLEAU

Résultat des essais de la tourbe carbonisée par le procédé Holm.

NATURE DES ESSAIS	TEMPÉRATURE DE CARBONISATION	
	250°	300°
Poids de tourbe brute (séchée à l'air) avant carbonisation....	1.960 kg.	1.730 kg.
Poids de la tourbe carbonisée...	1.287 kg.	N'a pu être déterminé, la tourbe ayant subi un commencement de combustion au défournement.
Rendement de la tourbe brute en tourbe carbonisée..........	64,6 %	
Pouvoir calorifique de la tourbe brute (séchée à l'air)........	3.700 cal. par kg.	3.700 cal. par kg.
Pouvoir calorifique de la tourbe carbonisée	5.650 —	5.900 —
Aspect de la tourbe carbonisée..	Matière fibreuse presque noire.	Matière fibreuse, franchement noire, s'allumant très facilement et brûlant lentement à l'air sans odeur en laissant une cendre presque blanche et très légère.

Méthode Galaine, Lenormand et Houlbert. — Cette méthode (1) est basée sur le procédé Eckenberg modifié de la façon suivante :

La tourbe au lieu d'être carbonisée brute, telle qu'elle est extraite de la tourbière est d'abord comprimée à froid au moyen de presses continues, système Mabille ou Anrep, de façon à en extraire la plus grande quantité d'eau possible. Ces presses donnant facilement des pressions atteignant 50 à 100 kilogrammes par centimètre carré permettent d'obtenir des briquettes ne renfermant plus que 60 % d'humidité. Ces briquettes sont disposées sur des claies dans des wagonnets en plusieurs couches superposées et les wagonnets introduits pendant 25 minutes dans des autoclaves horizontaux chauffés à 160 degrés par la vapeur.

A la sortie des autoclaves la tourbe carbonisée, à laquelle les inventeurs donnent le nom de « *tourbon* », est séchée soit dans des presses, soit dans un séchoir à air chaud ou simplement à l'air libre.

L'installation comporte un dispositif de récupération des chaleurs perdues par disposition des autoclaves en batteries, par couples, et en les reliant par une tuyauterie appropriée de manière à pouvoir utiliser successivement la vapeur de détente et l'eau chaude condensée au fond de chacun d'eux. Ce procédé est économique et permet d'obtenir à un prix de revient assez bas une tourbe carbonisée pouvant être utilisée pour le chauffage, pour l'alimentation des gazogènes ou des cornues à gaz.

(1) *Comptes rendus hebdomadaires de l'Académie des Sciences*, tome 165, n° 10 (3 septembre 1917).

La carbonisation humide de la tourbe étant une opération qui paraît vouée à un grand avenir, nous donnerons encore la description de quelques méthodes basées sur le même principe, et appliquées dans certains pays étrangers.

Four Nils Testrup. — Ce four fonctionne également d'après le principe d'Eckenberg, mais a pour but de réaliser, sur le procédé Eckenberg, une certaine économie de chaleur.

Son principe est basé sur la remarque suivante :

Lorsque, dans la carbonisation humide, la tourbe atteint une température de 180 degrés, il se produit une réaction exothermique et il se dégage une grande quantité de chaleur.

L'appareil se compose également d'éléments comprenant chacun deux tubes concentriques, le tube intérieur portant à sa surface extérieure une vis sans fin, qui, par rotation, assure le cheminement de la matière dans l'espace annulaire.

Ce système est donc le même que celui de Stafsjö; mais, par suite de l'économie de calorique réalisée, le foyer ne couvre qu'une partie du tube ayant une longueur de 5 mètres, la longueur totale des tubes étant de 16 mètres. Dans certains cas l'enceinte de chauffage ne recouvre même qu'une partie beaucoup plus faible du tube, parfois même un douzième seulement de la longueur totale.

Méthode Rigby. — La méthode Rigby a pour but de faciliter l'extraction de l'eau de la tourbe carbonisée humide, qui nécessite, dans de nombreux procédés une pression beaucoup trop élevée pour une production industrielle.

Cette méthode est basée sur ce fait que l'extraction

de l'eau de la tourbe carbonisée humide s'opère plus aisément lorsque la compression s'exerce sur un produit non encore complètement refroidi.

La température la plus favorable à laquelle doive s'exercer la compression semble d'ailleurs varier dans de larges limites. Généralement elle n'est pas inférieure à 70 degrés.

Dans la méthode Rigby la tourbe carbonisée sort des tubes avant d'être complètement refroidie et est ainsi envoyée aux filtres-presses. Le liquide qui s'écoule et qui contient une quantité appréciable de calories est mélangé à la tourbe fraîche avant son entrée dans le four. Ce procédé, outre qu'il évite l'emploi d'un récupérateur de chaleur, réduit dans de fortes proportions la déperdition du produit en azote : dans un cas, une tourbe qui perdait 16,6 % de sa teneur en azote par les procédés de carbonisation humide ordinaires n'en perdait plus que 10 % par la méthode Rigby; dans un autre cas la réduction était de 21 % à 14 %.

Ce maintien de la teneur en azote est particulièrement intéressant lorsque la tourbe doit être employée dans une installation de gazogène à récupération des sous-produits.

Dans une autre méthode, brevetée par Nils Testrup, Rigby et Soderlund la dessiccation de la tourbe carbonisée humide s'effectue en deux stages :

La première opération consiste à obtenir au filtre-presse un gâteau plus ou moins consistant.

La deuxième opération comporte le séchage de ce gâteau, soit par compression à la main ou à la machine, soit par un courant de gaz chauds agissant sur la matière finement divisée.

En résumé, jusqu'à l'heure actuelle, le procédé de carbonisation humide ne semble pas avoir été rendu industriellement pratique. Il exige la production de pressions très fortes et donne un produit qui, s'il a un pouvoir calorifique beaucoup plus élevé que celui de la tourbe, n'en a pas moins une teneur en humidité qui n'est pas inférieure à 50 %. Néanmoins les échecs répétés n'ont pas découragé les chercheurs et il est possible qu'un jour, assez rapproché, on obtienne enfin des résultats intéressants.

CHAPITRE VII

EMPLOI DE LA TOURBE
DANS LES GAZOGÈNES

C'est là, de l'avis général, l'emploi le plus intéressant de la tourbe.

Le gazogène, comme on le sait, est un appareil permettant d'obtenir, par le passage d'un courant d'air sec (gaz à l'air), de vapeur d'eau (gaz à l'eau), ou d'air humide (gaz pauvre) sur un combustible incandescent, un gaz dont la formation résulte de la décomposition de l'air ou de la vapeur par le carbone à haute température.

Ce gaz pauvre est constitué par un mélange d'acide carbonique, d'oxyde de carbone, d'hydrocarbures gazeux, d'hydrogène et d'azote. Il brûle en dégageant une grande quantité de chaleur, d'ailleurs variable suivant la nature du combustible employé. Ce gaz est utilisé avantageusement dans des moteurs à gaz pauvre pour la production de la force motrice ou dans des brûleurs pour le chauffage des chaudières. Les tableaux I et II donnent la composition chimique et le pouvoir calorifique des principaux gaz de gazogènes employés dans l'industrie.

Il existe une variété infinie de gazogènes, mais tous ne conviennent pas à la tourbe.

TABLEAU I. — *Pouvoir calorifique et compo[sition de] quelques gaz de gazogènes* (1).

ORIGINE DU GAZ ET ALLURE DU FEU	POUVOIR CALORIFIQUE AU m³ Cal.	H %	[illegible]	[illegible]	C^2H^4 %	CO^2 %	O %	Az %	D'après MM.
Coke d'usine à gaz	1.212	10,83	[illegible]	[illegible]	1,38	3,57	0,00	61,30	Lencauchez.
Anthracite	1.519	20,00	[illegible]	[illegible]	0,50	5,00	0,50	49,50	—
Houille d'Écosse à 41 % de matières volatiles	1.542	11,00	[illegible]	[illegible]	0,27	3,42	0,00	53,80	—
Allure froide au charbon d'Anzin	1.208	20,70	[illegible]	[illegible]	0,00	3,10	0,60	51,90	Witz.
Charbon maigre belge	1.213	13,30	[illegible]	[illegible]	0,00	6,95	0,00	58,20	Riché.
Coke, grand débit de gaz	1.185	15,00	[illegible]	[illegible]	0,00	11,00	0,00	51,00	Lecomte.
Coke, petit débit de gaz	1.218	14,50	[illegible]	[illegible]	0,00	9,00	0,00	52,00	—
Mélange 1/3 gras de Courrières, 2/3 poussier de coke	975	10,30	[illegible]	[illegible]	0,00	5,50	0,00	62,70	Hovine.
Mélange 1/3 gras de Courrières, 2/3 fraisil de locomotive	950	12,50	[illegible]	[illegible]	0,00	5,00	0,00	62,00	—
Bois mouillé	1.025	15,00	[illegible]	[illegible]	0,00	5,50	0,00	62,00	—
Tourbe	1.050	13,00	[illegible]	[illegible]	0,00	9,00	1,50	57,50	—
Houille grasse	1.270	18,73	[illegible]	[illegible]	0,00	6,57	0,00	49,01	Faugé-Chavanon.
Bois	1.224	15,00	[illegible]	[illegible]	0,00	12,50	0,00	50,00	—

(1) D'après A. WITZ, *Les Meilleurs Gaz pauvres.*

TABLEAU II. — *Pouvoir calorifique et composition ... principaux gaz de gazogènes employés dans l'industrie* (1).

CONSTITUANTS	GAZ DE COKE	GAZ D'ANTHRACITE ANGLAIS	GAZ DE HOUILLE MAIGRE D'ANZIN	GAZ DE LIGNITE MOYEN	GAZ DE TOURBE DE PICARDIE	GAZ DE BOIS ORDINAIRE
Oxyde de carbone	27,06	21,32	26,50	32,80	34,02	32,40
Hydrogène	12,83	20,34	10,75	4,40	5,76	10,76
Méthane	0,88	3,50	3,75	2,60	1,03	2,00
Éthylène	0,10	0,55	0,55	0,60	0,56	0,53
(gaz combust.)	{ 40,87	{ [illegible]	{ 41,55	{ 40,40	{ 41,37	{ 45,69
Azote	55,56	49,84	57,25	57,50	56,61	46,30
Acide carbonique	3,57	4,45	1,25	2,10	2,02	7.30
	} 59,13	} [illegible]	} 58,50	} 59,60	} 58,63	} 53,60
Pouvoir calorifique du m³	1.140 cal.	1.520 cal.	1.466 cal.	1.427 cal.	1.348 cal.	1.480 cal.
Teneur en cendres du combustible	10 %	3 %	8 %	12 %	11 %	1,6 %
Teneur du combustible sec en matières volatiles	2 %	10 %	12 %	35 %	36 %	40 %
Teneur du combustible en eau	10 %	1 à 2 %	2 %	15 %	34 %	33 %

(1) D'après LENCAUCHEZ, *Les Gaz combustibles et les Moteurs à Gaz* ... de la Société de l'Industrie minérale, 4ᵉ série, T. IV, 1ᵉʳ liv. (1905).

Gazogène Mond (1). Ce gazogène (fig. 41) est

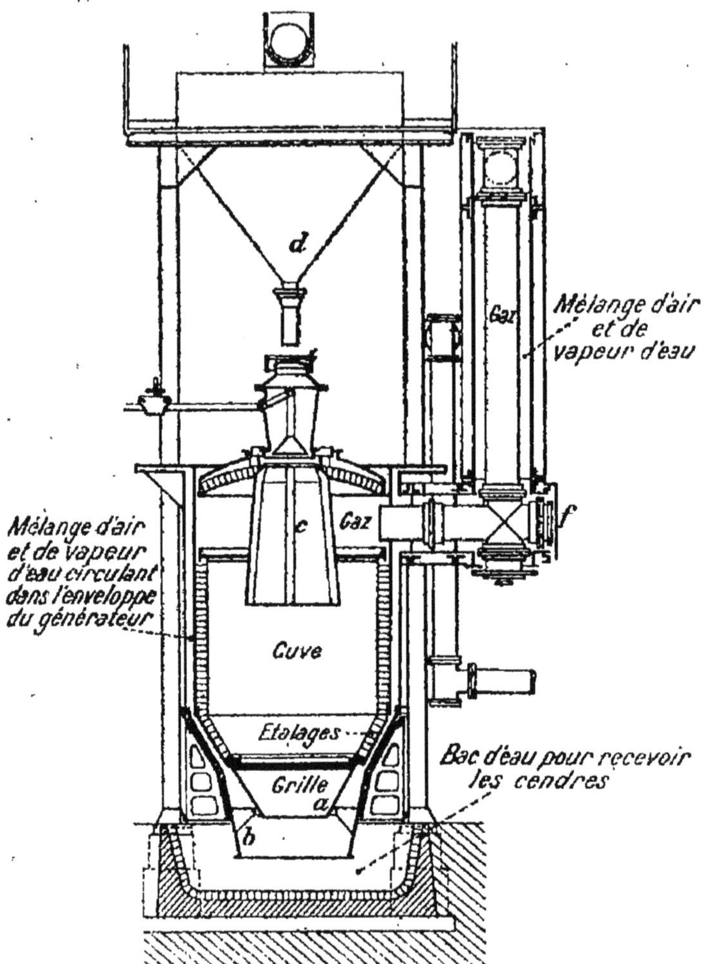

Fig. 41. — Gazogène Mond à tourbe.

constitué par une cuve cylindrique en maçonnerie se

(1 L. Marchis *Production et utilisation des gaz pauvres,*
page 167

terminant à sa base par une partie tronc-conique ou étalages, puis par une grille également tronc-conique plongeant dans un bac d'eau formant joint hydraulique. Les cendres de la combustion tombent dans ce bassin d'où elles sont retirées à certains intervalles. Le combustible est amené par wagonnets ou par un transporteur mécanique quelconque et déchargé dans la trémie de chargement **d**.

D'importantes installations de gazogènes Mond fonctionnent en Italie, et en Allemagne (Procédé Frank et Caro).

Gazogène Koerting (1). Le gazogène Koerting (fig. 42 et 43) en briques réfractaires revêtues d'une enveloppe en acier, a la forme représentée par la coupe de la figure.

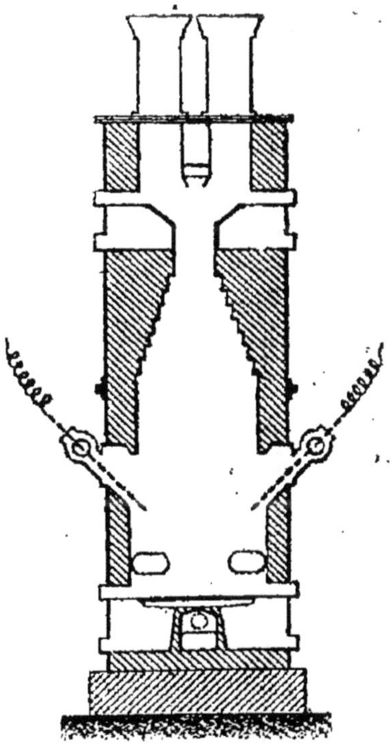

Il comprend deux zones de combustion, l'une supérieure sur des grilles inclinées, l'autre inférieure sur la grille horizontale.

Fig. 42. — **Gazogène Koerting. Coupe (vue de face).**

Ces deux zones sont séparées par un étranglement

(1) HAANEL, *Rapport sur l'utilisation de la tourbe pour la production de la force motrice ; résultats des expériences faites à la station d'essai des combustibles à Ottawa (1910-1911).*

destiné à opposer une résistance au passage des gaz, plus grande que la résistance présentée par les canalisations; ceci afin d'éviter le passage direct des gaz de la zone supérieure dans les canalisations d'échappement.

Le fonctionnement du gazogène est le suivant :

Les gaz dégagés par la combustion de la tourbe sur les grilles de la zone supérieure s'échappent par une conduite qui les amène sous la grille inférieure. Ils traversent alors le combustible incandescent, où une partie des goudrons qu'ils tiennent en suspension est brûlée, et s'échappent par d'autres conduites, vers les appareils d'épuration et d'utilisation.

Une enveloppe à circulation d'eau froide permet de condenser une partie de l'humidité et des vapeurs bitumineuses des gaz s'échappant de la zone supérieure. Le produit de la condensation se rassemble dans un bac d'eau formant joint hydraulique.

La composition moyenne des gaz s'échappant de la partie supérieure est la suivante :

Acide carbonique....	15,3 % (en volume).	
Oxyde de carbone....	7,2	—
Oxygène	3,2	—
Éthylène	0,7	—

Le résidu est composé en majeure partie par de l'azote, gaz inerte provenant de l'air aspiré et aussi par de la vapeur d'eau et des vapeurs d'hydrocarbures facilement condensables.

Pour obtenir de bons résultats avec ce gazogène, il faut d'abord déterminer soigneusement, par des essais préalables, la meilleure dimension à laquelle

Il convient de broyer la tourbe avant son chargement dans les trémies. La tourbe reste, en effet, pendant un temps assez court dans la zone de combustion supérieure et cependant elle doit en sortir complètement transformée en coke. Si la tourbe est très humide, ou les morceaux trop gros, la cokéification sera imparfaite ou même sera nulle, la chaleur fournie ayant été entièrement consommée par la vaporisation de l'humidité. Il conviendra donc de charger la tourbe broyée en morceaux d'autant plus fins que la teneur en eau sera plus grande.

La mise en marche du gazogène s'effectue de la façon suivante :

On fait un feu de bois, ou mieux, un feu de coke sur la grille inférieure et on l'alimente peu à peu avec de la tourbe jusqu'au-dessus des grilles de la zone supérieure. On allume alors la tourbe sur ces grilles. Pendant ces opérations l'échappement de gaz se fait à l'air libre, ce que l'on obtient au moyen d'un jeu de

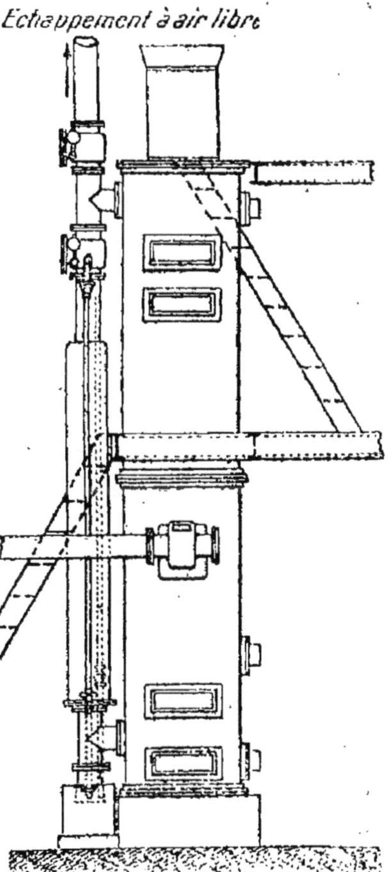

Fig. 43. — Gazogène Koerting.
Élévation (vue de côté),

valves et les portes inférieures sont ouvertes de façon à activer le tirage.

Lorsque les feux sont bien allumés sur les grilles et que le gazogène est suffisamment chaud on ferme les portes inférieures et dirige les gaz de la zone supérieure vers la zone inférieure au moyen de jeu de valves.

Un aspirateur placé à la suite assure le tirage de l'installation.

Cet appareil fonctionne avec un épurateur à goudrons Haanel, décrit plus loin.

Moteurs à gaz. Bien que ce sujet semble sortir du programme de cet ouvrage, nous dirons cependant quelques mots des moteurs à gaz pauvre, pouvant marcher au gaz de gazogène à tourbe.

Le moteur à gaz est actuellement celui qui procure la meilleure utilisation de l'énergie des combustibles et il permet d'obtenir la force motrice à un prix bien plus bas que la machine à vapeur. Aujourd'hui, la construction s'étant considérablement perfectionnée, on établit des moteurs à gaz depuis quelques chevaux jusqu'à plusieurs milliers de chevaux.

Le moteur à gaz est basé sur le principe suivant : si l'on mélange un gaz combustible avec une quantité d'air convenable et que, par un procédé quelconque, on allume le mélange, il en résulte une explosion.

L'explosion se produit dans le cylindre, et le piston qui, par sa tige, est relié à un appareil d'utilisation quelconque, reçoit et transmet l'énergie de l'explosion.

On distingue les moteurs à 4 temps :

1er temps : Aspiration des gaz frais;

2e temps : Compression et allumage;

3e temps : Course motrice;

4e temps : Échappement des gaz brûlés;

Et les moteurs à 2 temps :

1er temps : Compression et allumage;

2e temps : Détente, échappement des gaz brûlés et aspiration des gaz frais.

Comme on le voit le moteur à 4 temps a une course motrice tous les deux tours de manivelle et le moteur à 2 temps une course motrice à chaque tour de manivelle.

Ces moteurs peuvent également être à double effet.

Les organes principaux d'un moteur à gaz sont (fig. 44) :

Le cylindre;

Le piston et sa tige;

La soupape d'admission des gaz frais;

Le système d'allumage;

La soupape d'échappement des gaz brûlés;

Le régulateur de vitesse.

Le cylindre comporte en outre une chemise dans laquelle circule de l'eau à température ordinaire destinée à absorber une partie de la chaleur dégagée dans le cylindre et à le refroidir.

Le fonctionnement du moteur à gaz est le suivant (moteur à 4 temps à simple effet) : supposons le cylindre à fond de course à gauche. Lorsqu'il se déplacera vers la droite il se produira une aspiration d'un mélange de gaz combustible en proportion convenablement réglée au moyen de la soupape. Lorsque

le piston arrive à fond de course à droite le cylindre est rempli du mélange tonnant; le piston revenant alors en sens inverse comprime ce mélange qui
ne peut s'échapper, les soupapes d'admission et d'é-

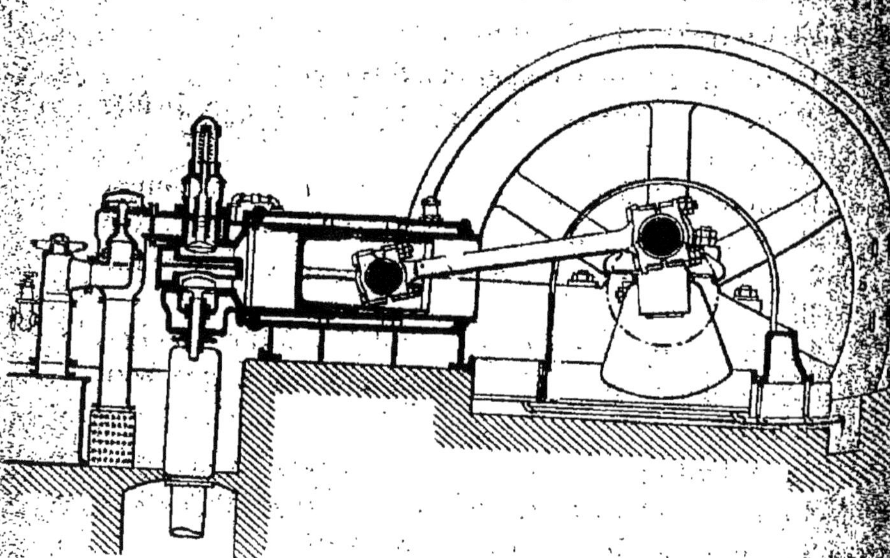

FIG. 44. — Coupe schématique d'un moteur à gaz.

chappement étant fermées. (Ces soupapes sont com-
mandées par un arbre à cames tournant à une vitesse
égale à la moitié de la vitesse de l'arbre moteur.) A
fin de course du piston à gauche les gaz occupent un
volume minimum qui est le volume de la chambre de
compression. L'allumage se produit alors. (En réalité,
pour des raisons que nous n'expliquerons pas ici, et
pour lesquelles nous renverrons le lecteur aux traités
spéciaux, l'allumage se produit avant que le piston
n'arrive à fin de course. C'est ce qu'on appelle l'avance
à l'allumage.) L'explosion chasse alors de nouveau le

piston à droite, c'est la course motrice. Le piston revenant vers la gauche chasse les gaz brûlés par la soupape d'échappement qui s'ouvre alors et le même cycle se renouvelle indéfiniment.

Le rendement thermique moyen des moteurs à gaz est d'environ 30 %, c'est-à-dire que, sur 100 calories fournies, 70 sont absorbées par l'échauffement des cylindres ou sont emportées à l'extérieur par les gaz brûlés et 30 seulement sont transformées en travail. Si d'autre part le rendement mécanique est de 90 %, c'est-à-dire si 10 % de l'énergie fournie au piston est absorbé par les frottements on voit donc que le rendement total du moteur est de 27 %. Ce rendement est d'ailleurs très élevé comparé à celui des machines à vapeur où, dans certaines petites installations de faible puissance, il descend à 3 %.

Une partie des calories emportées par les gaz peut d'ailleurs être récupérée et utilisée pour produire de la vapeur à basse pression utilisable soit pour la production de la force motrice par turbine à vapeur à basse pression, soit pour le chauffage des locaux ou d'étuves. Si l'on veut récupérer cette chaleur perdue il faut que le moteur marche, au plus, aux deux tiers de sa puissance maximum; car, avec les méthodes modernes de régulation, les gaz sont tellement détendus lorsque le moteur marche à sa pleine puissance, qu'ils ne renferment plus qu'une faible quantité de chaleur susceptible de récupération (1).

Le principe du fonctionnement des réchauffeurs d'eau à gaz d'échappement est d'ailleurs bien simple.

---

(1) R.-E. MATHOT, *Construction and working of internal combustion engines*, pages 198, 199.

Ces appareils sont généralement constitués par une boîte métallique dans laquelle se trouvent les tubes coudés parcourus par l'eau à réchauffer. Les gaz d'échappement entrent par une extrémité et après avoir parcouru un chemin en chicane et abandonné leurs calories au contact de l'eau, sortent par l'autre extrémité. Les réchauffeurs permettent donc d'obtenir de la vapeur à bon compte et sans installation spéciale dans les établissements fonctionnant au gaz pauvre et où cependant une certaine quantité de vapeur est utile.

Les moteurs à gaz pauvre, d'une construction robuste, d'un fonctionnement et d'un entretien très simples, sont particulièrement indiqués pour la production de la force motrice dans les fermes, les scieries et en général, dans toute la petite industrie agricole et rurale.

Récupération des sous-produits des gaz de gazogène, de la distillation ou de la carbonisation de la tourbe. — Quelle que soit leur destination, qu'ils soient employés dans des moteurs à gaz ou pour le chauffage des foyers, il est de toute importance d'épurer les gaz, de les débarrasser des poussières et surtout des goudrons. En outre, il est possible de retirer des eaux de lavage des sous-produits intéressants, tels que le sulfate d'ammoniaque (d'une grande valeur en agriculture où il concurrence le nitrate d'ammoniaque), des huiles, de la paraffine, etc. La chaleur elle-même du gaz peut être utilisée avantageusement ainsi que nous le verrons plus loin.

Installation Mond (1). — Les gaz sortant de la cuve traversent un réchauffeur B (fig. 45) de l'air primaire où ils perdent déjà une grande partie de leur chaleur, puis arrivent à un laveur C qui abaisse leur température à environ 90 degrés.

Le mélange de gaz et de vapeur est amené à la par-

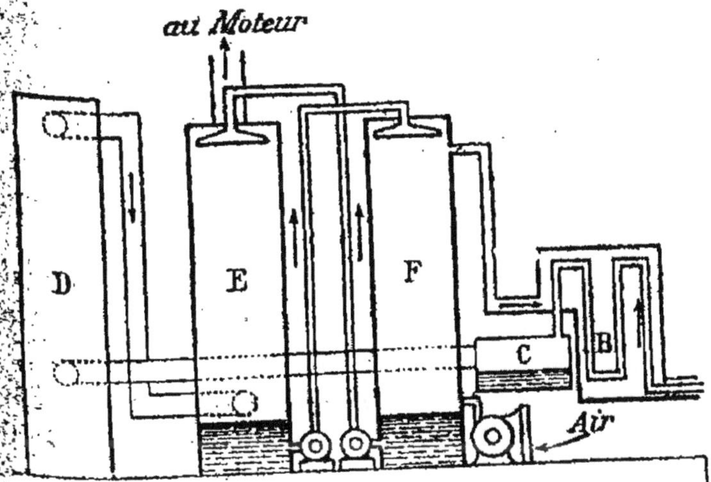

Fig. 45. — Installation de gazogène Mond à récupération du sulfate d'ammoniaque

tie inférieure d'une tour D parcourue en sens inverse par une pluie de sulfate d'ammoniaque acide contenant environ 47 % d'acide sulfurique. Il a été reconnu que ce mélange donnait des résultats plus satisfaisants que l'acide sulfurique pur.

A sa sortie de la tour D, le gaz est conduit à la partie inférieure d'une seconde tour E parcourue par une pluie d'eau froide qui le lave.

(1) MARCHIS, *Production et utilisation des gaz pauvres*, page 167

De là, le gaz est dirigé vers les moteurs, après séchage dans un filtre à sciure de bois.

L'eau qui a parcouru la tour E s'est réchauffée.
Elle est pompée à la partie inférieure de la tour E
et déversée au sommet d'une troisième tour F parcourue par l'air primaire qu'elle réchauffe et humidifie. L'eau qui s'est refroidie pendant ce parcours
est pompée à la partie inférieure de la tour F et dis-
tribuée à la partie supérieure de la tour E.

Ce procédé permet de transformer en ammoniaque
les trois quarts de la proportion d'azote contenue
dans la tourbe. Une tourbe contenant 2,5 % d'azote
fournit environ 80 kilogrammes de sulfate d'ammoniaque par tonne (1).

Actuellement, des usines d'Orentano de *la Società
per l'utilizzazione dei Combustibili italiani* traite
par jour 50 mètres cubes de tourbe desséchée à 25 %
d'humidité, ce qui donne une production de 50 tonnes de sulfate d'ammoniaque par mois. Cette production sera prochainement doublée. En outre le gaz
produit est utilisé dans une centrale de 800 HP à
moteurs à gaz. L'usine de Codigoro, appartenant à la
même Société et créée en 1912, traite actuellement
150 tonnes de tourbe par jour et sa production quotidienne en sulfate d'ammoniaque monte à 10 à 12
tonnes.

Les tourbières de Codigoro occupent une superficie
de plus de 1.000 hectares. Les frais d'installation des
deux usines de Codigoro et d'Orentano atteignent
près de 6.000.000 de francs et le prix de revient actuel

(1) *Bulletin de la Société des ingénieurs civils* (janvier-mars
1916), page 174.

du sulfate d'ammoniaque n'est pas plus élevé que 120 à 140 francs la tonne.

Le procédé Frank et Caro employé en Allemagne n'est qu'une modification du système Mond.

Il en existe une installation dans les environs d'Osnabruck, comportant 3 moteurs à gaz (dont 1 de secours) d'une puissance totale de 2.000 chevaux.

D'essais effectués de décembre 1911 à février 1912 il résulterait que la combustion d'une tonne de tourbe sèche (dont la puissance calorifique n'est pas indiquée) donnerait une puissance de 693 kilowatt-heures, ce qui correspond à une consommation de 1,44 kilogramme de tourbe par kilowatt-heure soit 1 kilogramme par cheval-heure (1).

Installation Lymn (2). — Les gazogènes fonctionnent d'après le même principe que les générateurs Mond, mais sont d'un coût d'établissement plus bas, d'un encombrement plus réduit et d'un service plus simple.

La récupération des sous-produits est avantageuse à partir d'une puissance de 500 chevaux. L'air primaire, saturé de vapeur d'eau par passage dans un appareil de récupération des calories, est soufflé sous la grille par un ventilateur. Il traverse l'épaisseur du

(1) J. TEICHMULLER, Elektrotechnik und Moorkultur das Kraftwerk im Wiesmoor in Ostfriesland, *Elektrotechnische Zeitschrift* (19 décembre 1912, page 1315). — N. CARO, Moorkultur und Torfverwertung, (*Elektrotechnische Zeitschrift* 10 novembre 1910, page 1138); Torfmoore und Kraftübertragung. (*Elektrotechnische Zeitschrift*, 7 mars 1907, page 211, 4 avril 1907, page 319).

(2) *Machines*, n° 1 (1er juin 1917). — *Mémoires et comptes rendus des travaux de la Société des Ingénieurs civils*; Bulletin de janvier-mars 1916.

combustible et le gaz, chargé des produits ammoniacaux se dégage à la partie supérieure du gazogène.

Le chargement de l'appareil se fait par des trémies; le cendrier est constitué par une cuve à eau et l'enlèvement des cendres se fait, soit mécaniquement, soit à la main.

A leur sortie du générateur, les gaz se refroidissent d'abord dans un échangeur où ils cèdent une partie de leurs calories à l'air primaire. Ils passent ensuite dans un séparateur de poussières et arrivent aux appareils de récupération de l'ammoniaque. Ceux-ci sont constitués par des tours dans lesquelles tombe une pluie de sulfate d'ammoniaque contenant un léger excès d'acide sulfurique. Le liquide tombant à la partie inférieure est pompé et envoyé aux appareils de concentration. Les gaz débarrassés de leur ammoniaque arrivent alors à un nouveau récupérateur de chaleur parcouru par un courant d'eau froide alimentant l'appareil à humidifier les gaz avec lequel il forme un circuit fermé, les calories prises au récupérateur final étant perdues dans la vaporisation.

Avant utilisation soit dans des moteurs à gaz, soit dans des brûleurs pour le chauffage de chaudières ou de fours, les gaz doivent encore être débarrassés de leurs goudrons au moyen des appareils habituels.

Des installations Lymn fonctionnent à Ludwigshafen (Badische Anilin und Soda Fabrik) à Heinitz (Allemagne) et aux Aciéries de Barop (Angleterre).

Installation Guardabassi Goulliard. — Cette installation comporte un gazogène imaginé il y a quelques années par les inventeurs, et établi sur un principe nouveau.

Cet appareil permet la récupération directe des

divers sous-produits sans avoir à les séparer par une distillation fractionnée comme cela a lieu dans les gazogènes ordinaires.

Ce gazogène comprend, comme tous les autres, une maçonnerie en tôle réfractaire à revêtement métallique. La chambre de distillation du combustible est composée de plusieurs éléments en fonte ayant la forme représentée sur la figure. L'air primaire, arrivant à la partie inférieure, est réchauffé par passage dans le récupérateur de chaleur représenté en pointillé (fig. 46). Le chargement de l'appareil s'effectue d'une façon continue par un élévateur mécanique alimentant une trémie à double obturation afin d'éviter les rentrées d'air.

L'évacuation du coke a lieu automatiquement au moyen d'une vis sans fin animée d'un mouvement continu de rotation et plongeant à la partie inférieure dans un réservoir à eau.

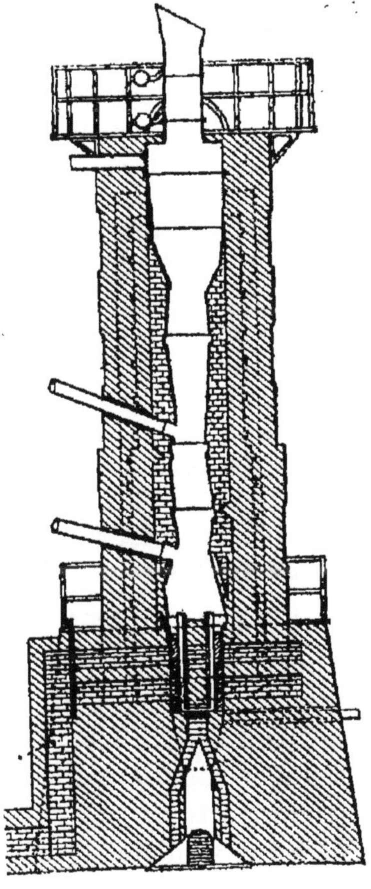

FIG. 46. — Four Guardabassi Goulliard.

La tourbe descendant dans les cornues est portée à

une température constamment croissante qui arrive
à 1.000 degrés à la partie inférieure. Des tubulures de
prise des gaz, placées aux points convenables, permettent d'envoyer les gaz, chargés des divers sous-produits, dans des condenseurs appropriés où ceux-ci sont
séparés.

Voici les rendements en sous-produits qu'on peut
obtenir d'une installation établie pour traiter par
24 heures 30 tonnes de tourbe à 40 % d'humidité :

Gaz incondensables à 12.000 cal..........	2.400 m³
Huile pyrogénée distillant au-dessous de 270 degrés........................	240 kg.
Huile pyrogénée distillant au-dessus de 270 degrés........................	360 »
Brais visqueux........................	240 »
Paraffine	120 »
Sulfate d'ammoniaque (tourbe à 1,5 % d'azote)	405 »
Acétate de chaux à 80 %..............	240 »
Coke de tourbe........................	7.800 »

Installation Duff (1). — Le gazogène Duff (fig. 47)
comporte une grille à dos d'âne et les gaz sont pris au
milieu de la masse du combustible. Ils traversent
ensuite un réchauffeur du mélange d'air et de vapeur
à insuffler sous la grille du gazogène. Chaque générateur comporte un réchauffeur. A la sortie de cet appareil les gaz sont rassemblés dans une conduite unique
qui les mène à un laveur où ils abandonnent les pous-

(1) Manchis, *Production et utilisation des gaz pauvres,*
page 172, — Deschamps, *Les Gazogènes,* page 341. — A. Witz,
Moteur à gaz et à pétrole, page 215. — Hugo Brauns, Duff generatoranlagen fur Schmelz und Kraftgaserzeugung (*Stahl und
Eisen,* 1ᵉʳ novembre 1903).

sières et une partie des goudrons, puis ils arrivent ensuite à la partie inférieure de la tour de récupération, grande tour carrée à revêtement de plomb parcourue par une pluie d'eau acidulée à 4% d'acide

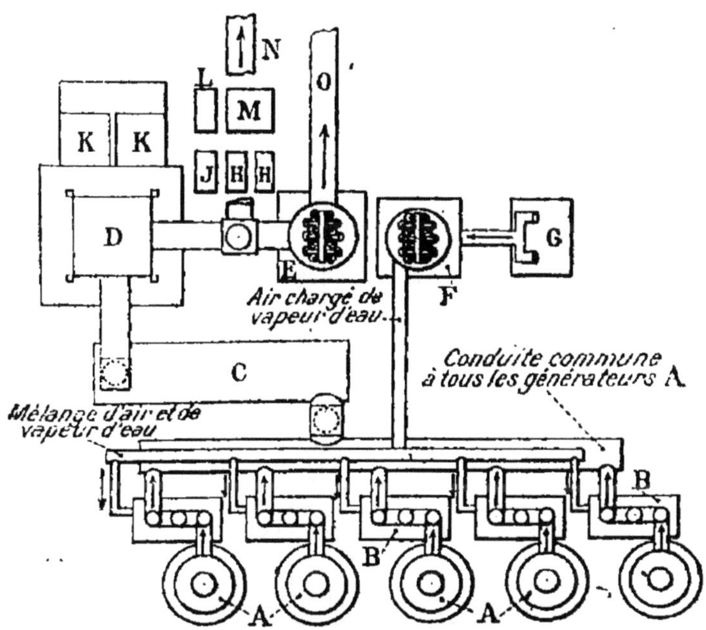

Fig. 47. — Installation de gazogènes Duff.

sulfurique. La solution très diluée de sulfate d'ammoniaque est soutirée à certains intervalles et concentrée dans des chaudières. Par ce procédé 90 à 95% de l'azote contenu dans le combustible serait transformé en sulfate d'ammoniaque. Les plus grandes installations Duff sont celles de l'usine Armstrong à Manchester, des aciéries Parkhead à Glasgow et de la société United Alcali à Fleetwood.

Méthode Lencauchez (fig. 48) (1). — M. Lencauchez

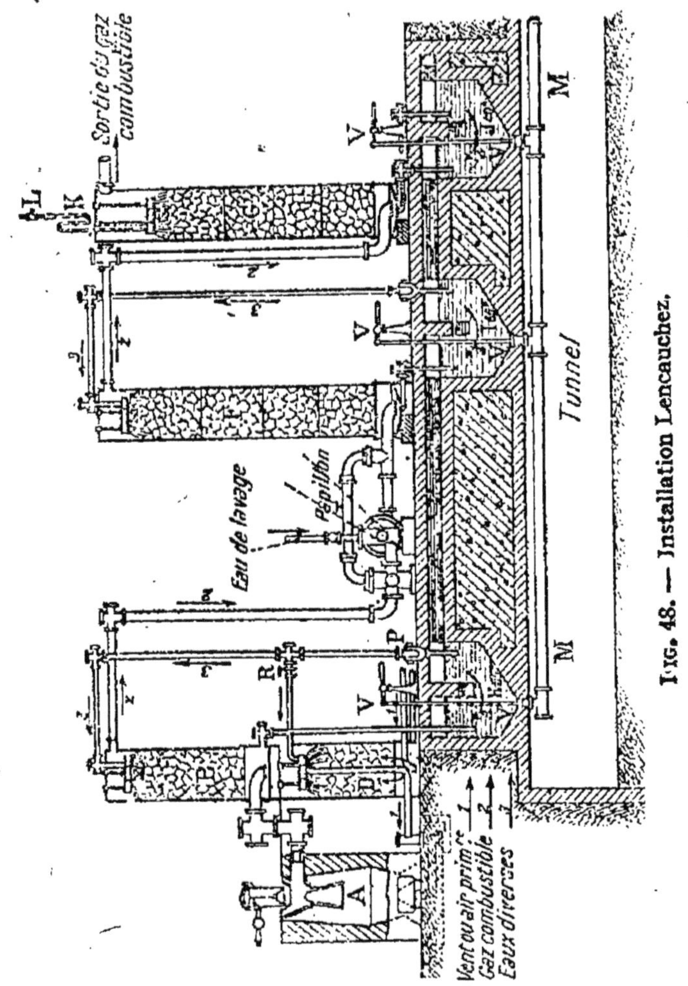

Fig. 48. — Installation Lencauchez.

préconise un procédé d'épuration basé sur le lavage
des gaz à l'eau chaude.

(1) L. MARCHIS, *Production et utilisation des gaz pauvres*,
p. 145.

Au sortir du générateur le gaz traverse de bas en haut une colonne à coke A parcourue par une eau de lavage à une température de 75 à 85 degrés. Une partie des goudrons est entraînée par les eaux de lavage dans un bassin de décantation H situé à la partie inférieure et où ils se déposent.

A leur sortie de la première tour A les gaz traversent successivement plusieurs tours semblables dont le nombre varie suivant la nature des goudrons. La dernière colonne G sert de condenseur. Elle est parcourue par une pluie d'eau froide qui arrive à la partie inférieure à une température d'environ 40 degrés.

La température du gaz à la sortie est de 10 à 25 degrés suivant les saisons.

La colonne de coke D, parcourue par de l'eau chaude, sert de récupérateur de chaleur. Elle est traversée par l'air primaire qu'elle réchauffe et humidifie avant son insufflation dans le générateur.

Méthode Haanel (1). — L'épurateur à goudrons spécialement étudié à la station d'essai des combustibles d'Ottawa par M. Haanel est composé d'une cuve cylindrique séparée en deux compartiments par une plaque perforée I (fig. 49). La partie inférieure est constituée par un scrubber à coke humide ordinaire. Entre la partie supérieure du coke et la plaque perforée, est ménagée une chambre à gaz K, dans laquelle les gaz se détendent et se refroidissent. La partie supérieure comprend un cône en treillis métallique A reposant par sa base sur une plaque perforée d'un orifice O. Une pomme d'arrosage G déverse de

____

(1) HAANEL, *Utilisation de la tourbe pour la production de la force motrice*, page 69.

l'eau chaude ou de l'eau froide sur la surface externe du cône Un second jet d'eau B arrose la face interne.

- Le fonctionnement de l'appareil est le suivant :

Les gaz sortant du gazogène traversent le scrubber à coke humide où ils se refroidissent et déposent une partie des poussières et des goudrons; puis ils arrivent à la partie supérieure dans la chambre à gaz, K traversent la plaque perforée I et viennent à l'intérieur du cône A.

Là, une certaine proportion de goudrons vient en contact avec les fils métalliques du cône et se dépose à leur surface. Le jet d'eau inférieur B les élimine aussitôt, à travers la colonne de coke, à la partie inférieure du cylindre d'où les eaux sont pompées pour être soumises au traitement.

Les goudrons qui n'ont pas été condensés par le contact du treillis métallique passent à travers les mailles, les particules sont ainsi comprimées les unes contre les autres; elles s'agglomèrent et forment des gouttelettes qui, à la sortie, se déposent à la surface extérieure du cône d'où la pluie d'eau froide les

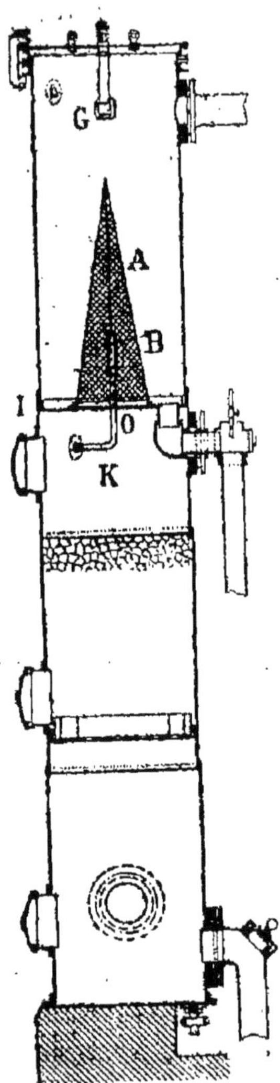

Fig. 49. — Épurateur goudron Haanel.

évacue. De temps en temps l'eau froide est remplacée par de l'eau chaude pour assurer le nettoyage des mailles du treillis métallique.

TABLEAU III. — *Production mondiale de sulfate d'ammoniaque en 1907 (1).*

	Tonnes.
Angleterre	316.000
Allemagne	287.000
France	53.000
Belgique, Hollande, Suède et Norvège	55.000
Autriche, Russie, Roumanie, etc.	45.000
Espagne et Portugal	12.000
Italie	11.000
États-Unis	51.000
Divers pays	20.000
Total	850.000

(1) D'après FRITSCH, *Fabrication des engrais.*

TABLEAU IV

TABLEAU IV. — *Production allemande et anglaise de sulfate d'ammoniaque de 1896 à 1907.*

ANNÉES	ALLEMAGNE	ANGLETERRE
	Tonnes	Tonnes
1896	55.000	»
1897	65.000	»
1898	76.000	»
1899	77.000	»
1900	130.000	213.000
1901	130.000	217.000
1902	175.000	229.000
1903	140.000	234.000
1904	175.000	245.500
1905	190.000	268.500
1906	255.000	289.000
1907	287.000	316.000

TABLEAU V

TABLEAU V. — *Transformation de la teneur en azote d'un engrais en teneur en ammoniaque et réciproquement.*

TENEUR en AZOTE	TENEUR en AMMONIAQUE	TENEUR en AMMONIAQUE	TENEUR en AZOTE
1	1.21	1	0,82
2	2,42	2	1,64
3	3,64	3	2,47
4	4,85	4	3,29
5	6,07	5	4,11
6	7,28	6	4,94
7	8,49	7	5,76
8	9,71	8	6,58
9	10,92	9	7,41
10	12,14	10	8,23
11	13,35	11	9,05
12	14,56	12	9,88
13	15,78	13	10,70
14	16,99	14	11,52
15	18,21	15	12,35
16	19,42	16	13,17
17	20,63	17	13,99
18	21,85	18	14,82
19	23,06	19	15,64
20	24,28	20	16,47
21	25,49	21	17,29
22	26,70	22	18,11
23	27,92	23	18,94
24	29,13	24	19,76
25	30,35	25	20,58

CHAPITRE VIII

EMPLOIS de la TOURBE en AGRICULTURE

La tourbe trouve de nombreux emplois en agriculture : comme litière pour les animaux, elle remplace avantageusement la paille; le fumier ainsi obtenu constitue un engrais de très bonne qualité. Bien qu'à l'état naturel la tourbe offre un engrais assez médiocre, additionnée de purin ou de matières fécales, elle prend une très grande valeur. La tourbe pulvérisée en poussière de tourbe, ajoutée aux engrais chimiques, facilite leur épandage et permet une répartition homogène des produits à la surface du sol.

Les cendres de tourbe trouvent également emploi dans l'agriculture; elles font l'objet d'un commerce assez important.

Enfin la tourbe est encore utilisée pour la conservation des fruits et l'alimentation du bétail.

Litière. La tourbe dont on use comme litière est surtout la tourbe mousseuse de surface, composée de sphaignes, de couleur claire et possédant un pouvoir absorbant très élevé. C'est principalement en Hollande qu'on exploite la tourbe dans ce but.

Ce pays exporte chaque année des quantités importantes de tourbe-litière dans le monde entier.

Fabrication de la tourbe-litière. — Le traitement de la tourbe-litière est assez simple.

L'extraction dans les petites exploitations agricoles se fait de la façon suivante :

La tourbière est au préalable drainée suffisamment pour permettre le passage d'un cheval à la surface et à l'automne on laboure à une faible profondeur.

La tourbe ainsi remuée est abandonnée sur place pendant l'hiver. Contrairement à la tourbe combustible la tourbe-litière n'est pas réduite en poussière par la gelée, au contraire cette opération en facilite le séchage (1). En outre, cette propriété permet, en combinant, lorsqu'il est possible, l'extraction des deux sortes de tourbe, de travailler d'une façon continue d'un bout de l'année à l'autre.

Au printemps, on passe la herse sur le sol de la tourbière, et lorsque la tourbe est sèche on la râtelle en tas qu'il ne reste plus qu'à transporter aux points d'emmagasinage, d'utilisation ou d'expédition.

Au cours de l'été on répète plusieurs fois ce hersage du sol tourbeux et on peut de la sorte obtenir une grande quantité de litière.

Lorsque cette méthode ne peut être employée, ou bien pour obtenir un plus grand rendement, la litière est extraite au louchet, en briquettes, comme la tourbe combustible.

Les briquettes sont exposées à l'air pendant quelques jours pour en effectuer le séchage, puis sont divisées au moyen d'une machine spéciale. La tourbe-

(1) Nyström, *loc. cit.*, page 248.

litière est ensuite tamisée et les parties fines sont ainsi séparées. Elles constituent le *poussier de tourbe* dont nous verrons les emplois plus loin.

Il existe une grande diversité de désintégrateurs à tourbe-litière. Les uns fonctionnent à la main, les autres sont commandés par un moteur.

La figure 50 représente le mécanisme d'une machine à main commandée par un volant par l'intermédiaire d'engrenages. Cette machine se compose de tambours munis de dents et tournant en sens inverse à des vitesses différentes; son prix est d'environ 175 francs.

Fig. 50. — Désintégrateur pour la fabrication de la tourbe-litière.

Le désintégrateur représenté par la figure 51 comporte, en outre, un tamis rotatif qui divise le poussier de tourbe. Ce tamis peut d'ailleurs être facilement séparé.

Nous emprunterons au rapport documenté de M. Nyström la description suivante d'une fabrique de tourbe-litière à Yxenhult (Suède).

« Cette fabrique appartient à une Société coopérative de propriétaires fonciers et de cultivateurs du sud de la Suède : la Skanska Landtmännens Andelstorftro-forening.

La tourbière qui fournit la matière première pour cette fabrique mesure 200 hectares, à peu près, de superficie et contient de la tourbe de sphaignes.

Un fossé d'environ 1 m. 50 de profondeur, avec

une largeur, à la surface, de 1 mètre et, au fond, de 0 m. 50 est creusé autour de la tourbière pour drainer le terrain en exploitation et la surface environnante.

Les tranchées d'extraction sont creusées à des distances de 20 à 27 mètres les unes des autres et sont parallèles sur toute la longueur de la tourbière. L'extraction de la tourbé commence en automne et conti-

Fig. 51. — Désintégrateur et tamis rotatif pour la fabrication de la tourbe-litière et la séparation du poussier.

nue jusqu'à ce que l'on ait extrait la quantité désirée ou que la gelée arrive.

Le travail s'exécute de la façon suivante :

Le long de lignes jalonnées, on creuse verticalement, de chaque côté de l'alignement, une lisière large de 0 m. 50. La tourbe est coupée en mottes. ayant la forme de briques. On coupe 4 briquettes dans la largeur de la tranchée et 10 dans la profondeur. On lève ensemble 7 briques de profondeur qui sont posées en rang par le piqueur sur le bord de la tranchée; là elles sont prises par une femme ou un enfant qui les place sur le terrain de séchage au moyen d'une fourche à environ 1 mètre ou 1 m. 50 de la tranchée.

Les 3 briques du fond qui ont moins de consistance sont détachées, étendues sur cet espace et l'on n'y touche plus.

La deuxième année et les suivantes le travail se continue par une lisière de 0 m. 50 de largeur de chaque côté de la tranchée primitive; mais, par suite de l'affaissement de la tourbière causé par le drainage des eaux, le fond de la première tranchée se trouve aussi abaissé de la même quantité.

La tourbe étendue est abandonnée sur le terrain pendant tout l'hiver et jusqu'à ce qu'elle soit assez sèche pour être maniée au printemps; les briques sont alors retournées. Après un séchage suffisant elles sont empilées en tas coniques et abandonnées jusqu'à ce qu'elles ne contiennent plus que 20 à 30 % d'humidité.

La tourbe séchée est soit empilée, soit emmagasinée dans de petits hangars sur le terrain même de la tourbière. Les tas ou les hangars sont érigés à chaque troisième section d'exploitation, et ces sections sont munies de voies fixes ou portatives pour le transport de la tourbe à la fabrique. De petits tombereaux mesurant 1 m. 20 × 2 m. 40 servent à transporter la tourbe aux tas et aux hangars.

L'usine à mousse-litière est pourvue de 4 presses de construction suédoise.

Les wagons de tourbe sont montés sur une voie surélevée jusqu'au magasin où la tourbe est déversée. Au fond de ce magasin circulent deux convoyeurs

alimentant les désintégrateurs. La matière désagrégée est amenée au moyen d'élévateurs aux tamis
tournants où les fibres sont débarrassées du poussier,
puis aux presses à mettre en balles. Chaque presse
débite de 175 à 225 balles de 1 m. 20 × 0 m. 85 ×

FIG. 52. — Presse à mettre la tourbe-litière en balles.

0 m. 60 et du poids de 70 à 80 kilogrammes par jour.
   Les balles sont apportées par un transporteur
aérien à la gare de Yxenhult et chargées sur wagon.
   La force motrice est fournie à l'usine par une
machine à vapeur de 30 chevaux et les chaudières
sont chauffées avec des résidus de tourbe et de la
sciure de bois. Le prix de revient à cette usine, dont
la production annuelle est de 120.000 balles, est de
1 franc à 1 fr. 05 par balles.

Les presses pour la mise en balle de la tourbe-litière, sont d'un modèle analogue aux presses employées pour la paille. Elles sont généralement du type vertical (fig. 52), en bois ou en métal, de construction solide. La tourbe est comprimée à la moitié ou au quart de son volume primitif et les balles sont consolidées par des lattes de bois entourées de fil de fer (fig. 53).

Voici, d'après Larbalétrier, le mode d'emploi habituel de la tourbe pour la constitution des litières (1) :

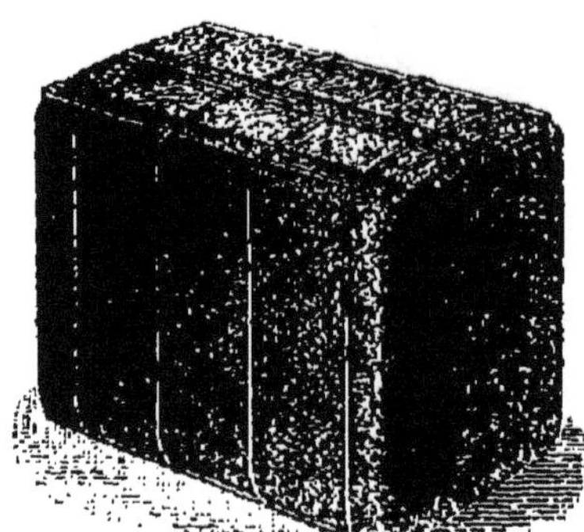

Fig. 53. — Balle de tourbe-litière.

« Pour les chevaux après avoir bien nettoyé la stalle on y établit un lit de l'épaisseur de 15 centimètres environ; à cet effet on emploie la moitié d'une balle, soit environ 70 à 75 kilogrammes, on brise les mottes avec le dos d'une fourche et on répand la tourbe ainsi émiéttée, mais non réduite en poussière, sur toute la stalle en laissant le lit un peu bombé vers le milieu.

« Ce lit suffit pour un mois entier, c'est-à-dire jusqu'à complète imprégnation, et n'exige d'autres soins qu'un bon raclage, matin et soir, avec une fourche à fortes dents ou un râteau ainsi que le soin de recueillir journellement les crottins, lesquels sont conservés séparément et restitués au fumier quand on sort la litière. Pour obtenir un bon résultat, il faut

(1) LARBALÉTRIER, *loc. cit.*, page 154.

éviter tout tassement de la tourbe en la remuant avec soin chaque jour; l'aération parfaite de la litière présente alors toujours un lit élastique et sain.

« Remarquons que 2 kilogrammes à 2.500 kilogrammes par jour suffisent pour entretenir un bon et agréable couchage aux animaux.

« Pour les bovins, la litière se fait comme pour les chevaux; toutefois les excréments étant plus liquides on saupoudre les bouses avec des débris de tourbe ce qui porte la consommation à environ 90 kilogrammes par mois; la couche ensuite doit être remuée une fois par jour pour bien aérer et éviter le tassement.

« Quelques personnes se trouvent bien d'un système mixte; elles recouvrent la couche de tourbe, un peu moins épaisse alors, d'une très légère quantité de paille qu'on renouvelle chaque jour. »

M. Kleinstueck (1) estime que, non seulement la tourbe mousseuse, mais toutes les natures de tourbes conviennent à la constitution des litières. Le pouvoir absorbant de toutes les tourbes est, en effet, de beaucoup supérieur à celui de la paille et, la litière de tourbe retenant beaucoup plus d'ammoniaque que la paille, constitue donc ensuite un engrais supérieur.

D'après les essais effectués par la Société suédoise de la Tourbe :

La sciure de bois absorbe 2,80 à 5,25 fois son poids d'eau, la paille 3,66 à 4,50 fois et la tourbe-litière 8 à 16 fois son poids d'eau.

Le tableau VI ci-après, établi d'après les travaux de M. Arnold, montre les effets comparés de la paille et de la tourbe sur une atmosphère chargée de vapeurs

(1) *Journal of the Canadian Peat Society* (août 1913), p. 6.

ammoniacales, ce qui est le cas des étables et des écuries. Ce tableau permet, par comparaison des teneurs de l'atmosphère en ammoniaque, de juger de la différence profonde qui existe entre les deux natures de litière.

TABLEAU VI. — *Effets comparés des litières de tourbe et de paille sur une atmosphère d'écurie* (1).

JOURNÉES D'EXPÉRIENCE	AMMONIAQUE PAR M³ D'AIR	
	TOURBE	PAILLE
	Grammes	Grammes
1re journée (litière fraîche)	0,0000	0,0012
2e — —	0,0000	0,0028
3e — —	0,0000	0,0045
4e — —	0,0000	0,0021
5e — —	traces	0,0153
6e — —	0,0010	0,0168
7e — —	0,0017	»
9e — —	0,0061	»
11e — —	0,0120	»
15e — —	0,0170	»

La litière de tourbe jouit d'une grande faveur auprès des fermiers américains. D'après MM. Kleinstueck et Davis les fermiers préféreraient encore la tourbe à la paille pour les litières, même si le prix de la tourbe venait à être notablement supérieur à celui de la paille. Cependant le prix de la tourbe-litière,

(1) D'après LARBALÉTRIER, *La tourbe et les tourbières.*

que l'Amérique importe de Hollande est très élevé. Il atteint 16 dollars, soit 80 francs, la tonne sur wagon alors que la paille ne revient guère qu'à 8 dollars (40 francs). Il existe cependant, en Amérique, de vastes gisements de tourbe à litière; mais ceux-ci sont au centre du territoire et le prix du transport en chemin de fer est trop élevé pour permettre d'amener la tourbe au lieu de consommation à un prix raisonnable alors que les compagnies de navigation effectuent ce transport de Hollande en Amérique à des conditions très avantageuses.

Nous retrouvons donc ici, dans un exemple particulièrement typique, cette question du transport de la tourbe qui doit être prise en considération en tout premier lieu dans toute exploitation : la tourbe ne peut supporter de frais de transport élevés. Aussi une exploitation de tourbe, quelle qu'elle soit, tourbe de litière ou tourbe combustible, ne sera-t-elle rémunératrice que si elle peut trouver des débouchés à proximité immédiate ou dans des régions où le transport puisse s'effectuer par des moyens économiques, tels que par canaux.

Fumiers de tourbe et composts. Nous venons de voir que l'emploi de la tourbe comme litière était très avantageux en ce sens que la consommation en est faible, que l'atmosphère des écuries ou étables est assainie, d'où diminution des épizooties, et que finalement on obtient un fumier d'une grande valeur agricole.

Les propriétés absorbantes de la tourbe sont également utilisées pour assainir et désodoriser les fosses d'aisance. Pour cela on jette au fond de la fosse autant de fois 35 kilogrammes de tourbe, de préférence de la tourbe mousseuse, qu'il y a de personnes puis, peu à peu, à certains intervalles, on ajoute environ 15 kilogrammes par personne pour séparer les couches et obtenir une désodorisation et une désinfection complètes. Cette opération peut se faire, par exemple, tous les mois. On peut également additionner la tourbe de 5 à 10 % de sulfate de fer, dont les propriétés antiseptiques sont connues. On en augmente ainsi l'action désinfectante et, au bout d'une année, on obtient un produit à l'aspect terreux, absolument sans odeur d'un très grand pouvoir fertilisant (1).

L'emploi de la tourbe dans ces conditions est très recommandable, particulièrement dans les campagnes, où de nombreux cas de fièvre typhoïde seront ainsi évités. D'ailleurs le produit utilisé pour cet usage peut être constitué par le poussier de tourbe dont il a déjà été question précédemment (voir page 172) et que l'on trouve sur le terrain d'emmagasinage lorsque l'on défait les piles de tourbe.

M. Thomas Macfarlane, chimiste au ministère des Mines du Canada, a fait breveter il y a quelques années un système de fosse à désinfection par la tourbe consistant en principe en un récipient amovible recevant la couche de tourbe sur laquelle les excréments sont désinfectés. La tourbe peut servir un certain temps avant que son degré d'humidité ne soit suffisamment élevé pour en nécessiter le renouvellement. La construction de tous les systèmes de ce genre est d'ailleurs

---

(1) J. ESCARD, *L'industrialisation de la tourbe. Utilisation économique et nouveaux débouchés*. L'Industrie chimique (août 1917), page 683.

très simple et peut facilement être entreprise avec les moyens limités que l'on possède dans les campagnes.

Le même auteur (1) a également fait en 1904 des études sérieuses sur l'emploi de la tourbe dans les fosses d'aisance.

Nous donnons ci-dessous une traduction résumée des résultats des travaux faits à ce sujet :

Une fosse, du type de la fosse brevetée par l'auteur, fut chargée, au printemps 1903, de 9 kilogrammes de tourbe mousseuse à litière et le produit fut retiré et pesé au mois d'octobre de la même année. Le renouvellement de la couche de tourbe et les manutentions nécessaires furent effectués sans occasionner le moindre incommodement. Même pendant le séchage de l'échantillon étudié, il ne se dégagea aucune émanation désagréable, ce qui est une preuve de l'efficacité de la désodorisation effectuée par la tourbe.

Le produit obtenu au bout de ces six mois pesait 32 kilogrammes. A la dessiccation, il perdit 62,6 % d'eau. La composition du produit désséchée, déterminée par l'analyse était alors la suivante :

Azote	4,88 %
Acide phosphorique	4,79
Potasse	3,12

Un autre essai effectué sur une installation dans une maison d'habitation a donné les résultats suivants :

L'essai fut commencé le 1er novembre 1903 et les matières furent retirées le 31 janvier 1904.

---

(1) MACFARLANE, On the loss of substances useful as Plant Food sustained in Moss Manure. (*Royal society of Canada*, (1904). Section 3, n° 11.)

Les opérations du renouvellement de la tourbe eurent lieu sans dégager la moindre odeur dans l'appartement.

La fosse avait été chargée de 7 kilogrammes de tourbe et le poids de la matière retirée était de 27 kilogrammes. Elle répandait une légère odeur d'ammoniaque et sa réaction était alcaline; c'est pourquoi avant la dessiccation il fut ajouté à l'échantillon de 435 grammes prélevé, 5 centimètres cubes d'huile de vitriol additionnés de 45 centimètres cubes d'eau, de façon à éviter les pertes d'ammoniaque par volatilisation, cet alcali étant transformé en sulfate d'ammoniaque, sel fixe, par l'addition d'huile de vitriol.

La perte à la dessiccation a été de 67,5 %. L'analyse du produit desséché a donné les résultats suivants :

$$
\begin{array}{ll}
\text{Azote total} & 3,33\ \% \\
\text{Acide phosphorique} & 3,52 \\
\text{Potasse} & 1,05 \\
\end{array}
$$

Cette analyse décelait donc une perte importante en azote et comme 84 % de l'azote des excréments est contenu dans les urines, des recherches furent entreprises pour établir les causes de cette perte. Ces recherches aboutirent à la conclusion que la presque totalité de l'azote contenu dans les urines se perd quand celles-ci sont absorbées par la tourbe.

Une série d'expériences fut alors effectuée pour déterminer les moyens de fixer l'azote sous forme d'ammoniaque en mélangeant à la tourbe des substances contenant des sels et des acides capables de fixer l'alcali volatil.

Une quantité suffisante de ces substances fut ajoutée pour fixer l'ammoniaque correspondant à la totalité de l'azote des urines.

Le tableau VII donne le résultat de ces expériences.

TABLEAU VII. — *Fixation de l'azote des urines.*

SUBSTANCES EMPLOYÉES POUR ASSURER LA FIXATION	Proportion de ces substances à la quantité d'urines.	Perte d'azote pour cent.
Mélange à parties égales de cendres d'os, de super-phosphate et d'engrais potassique	1 : 6,11 1 : 8,91 1 : 3,36	16,0 24,1 31,1
Sulfate de magnésie......	1 : 6,75	38,5
Sulfate de chaux naturel..	1 : 6,32 1 : 10,76	28,1 60,7

Ces essais confirment donc qu'une partie de l'azote n'est pas fixée et s'échappe malgré la présence des acides et des substances neutres capables de retenir l'ammoniaque. La perte d'azote semble causée par l'excès d'air employé au cours de ces expériences. Cet excès était d'ailleurs nécessaire pour l'élimination de l'humidité, et la perte d'azote est donc pratiquement inévitable.

Malgré que les résultats des études de M. Macfarlane aient été négatifs, il y a néanmoins lieu de faire des recherches dans cette voie et d'établir des moyens permettant de fixer la totalité de l'azote des urines absorbées par la tourbe, sous une forme assimilable par les végétaux.

La tourbe phosphatée est d'un emploi analogue. On additionne la tourbe de 10 à 15% d'acide phosphorique et on obtient un produit microbicide de bonne qualité. L'addition d'acide phosphorique permet de retenir la majeure partie de l'azote contenu dans les déjections animales et en outre détruit les germes de maladies infectieuses (typhus, choléra etc.); l'emploi de la tourbe phosphatée serait préférable à celui de la tourbe sulfatée à 10% d'acide sulfurique.

La fabrication de la tourbe phosphatée s'effectue de la façon suivante (1) :

On fait absorber par la tourbe la quantité d'acide phosphorique chauffé, dilué au degré voulu et on soumet la masse humide à la dessiccation. L'emploi de la tourbe traitée mécaniquement est préférable.

L'engrais composé des matières fécales et de la tourbe phosphatée, forme, après dessiccation, un produit analogue au guano, ne dégageant aucune mauvaise odeur et contenant :

Azote 4   %
Acide phosphorique...... 4 ,5
Potasse 1

Procédé Mahaud pour la fabrication des composts de tourbe. — Ce procédé a été employé il y a déjà assez longtemps, dans une usine que l'inventeur avait établie dans les environs de Marseille.

L'installation comprenait plusieurs bacs superposés, disposés de façon que le produit d'un bassin puisse

(1) FRITSCH, *Fabrication des engrais chimiques* (1909).

s'écouler dans le bassin inférieur. Les bacs étaient tous remplis d'un mélange de tourbe et de matières fécales liquides, sauf le dernier qui restait vide. Celles-ci s'écoulaient dans le dernier bassin où une pompe les reprenait pour les élever dans le bassin supérieur. Une circulation continue était ainsi établie et, la tourbe se saturant en produits nitrés, donnait un très bon engrais.

Un autre procédé consiste à faire un mélange, dans des bassins superposés en maçonnerie, de 500 kilogrammes de poussier de tourbe tel qu'on le ramasse sur l'emplacement des piles et de 500 kilogrammes de matières fécales. On met les produits en contact pour obtenir la saturation de la tourbe et on laisse égoutter pendant 24 heures environ. Au bout de ce temps on retire la matière à la pelle, on en fait un tas, ajoute 100 kilogrammes de cendres vitrioliques et remue le tout à la façon du mortier pour en assurer le mélange intime.

On abandonne la masse, une fermentation ne tarde pas à se produire et on constate que la température monte à 70 ou 75 degrés. On laisse ainsi les tas pendant 3 ou 4 mois en les retournant à la pelle, environ une fois par mois.

Au bout de ce temps le produit est passé au crible et on obtient la poudrette tourbeuse qui constitue un engrais excellent contenant environ 2% d'azote et 5% de phosphate. Le poids de la poudrette tourbeuse est d'environ 70 kilogrammes à l'hectolitre (1).

Un bon engrais est obtenu en additionnant la poudrette tourbeuse de sulfate d'ammoniaque, de sel

(1) E. Dubosc, *Traité complet de la tourbe.*

marin et de vinasses de sucrerie. Le mélange s'effectue immédiatement à la sortie des bassins de saturation. Le mélange est ensuite mis en tas que l'on recouvre de plâtre et arrose d'eau; il se forme ainsi une enveloppe qui évite les déperditions d'azote.

Les tas sont alors abandonnés à la fermentation et au bout de quelques mois fournissent un engrais ayant la composition moyenne suivante :

Azote	4,20
Phosphate	16,50
Sel alcalin	4,80
Matières organiques	35,00

Cendres de tourbe. Les cendres de tourbe ont une grande valeur agricole. Elles font d'ailleurs l'objet d'un trafic assez important.

On les emploie en agriculture comme amendement. Elles peuvent remplacer avantageusement le plâtrage et la charrée. Les bonnes cendres sont blanches et légères; elles pèsent environ 50 kilogrammes à l'hectolitre. Elles ont parfois une teinte rougeâtre, blanchâtre ou même grise; ces dernières sont mauvaises au point de vue agricole.

L'emploi des cendres de tourbe comme amendement a lieu surtout dans les terres argileuses, dans la proportion de 30 à 40 mètres cubes par hectare. Elles ne doivent pas être mouillées pour être répandues sur le terrain, mais on choisira de préférence un temps humide pour effectuer cette opération.

Les cendres de tourbe sont encore utilisées dans l'écobuage, opération qui a pour but d'améliorer les terrains tourbeux afin d'en permettre la culture ultérieure. Dans ce procédé on brûle couche par couche la tourbe d'une partie du terrain pour obtenir des cendres qui servent à l'alimentation de l'autre partie.

La tourbière est d'abord asséchée autant que possible puis est sillonnée de tranchées étroites ayant une profondeur d'environ 2 mètres et dont le but est de faciliter la combustion. On divise l'une des banquettes, comprise entre deux tranchées consécutives, en briquettes qui sont mises en tas sur la banquette voisine. Dès que leur état d'humidité le permet on y met le feu et la combustion se propage à la banquette elle-même.

A ce sujet nous empruntons le passage suivant à l'ouvrage de M. Larbalétrier :

« A Orx, non loin de Bayonne, la mise en valeur d'un vaste marais tourbeux a été poursuivie pendant quelques années. La tourbe de récente formation était légère, spongieuse et constituée de végétaux peu avancés en décomposition. Sur les parties les plus élevées du marais, l'amélioration la plus facile à réaliser était de brûler une épaisseur de 0 m. 50 à 0 m. 80 de tourbe, en plein été, quand le terrain s'était desséché à une forte profondeur. On obtenait ainsi une couche de cendres terreuses reposant sur une tourbe plus ancienne, plus compacte et mieux décomposée.

«Des navets et d'autres crucifères semés sur la cendre, poussaient vigoureusement et donnaient des produits abondants pour l'alimentation des bêtes à cornes pendant l'hiver. »

Nous donnons ci-après, à titre de documentation, l'analyse des cendres de deux échantillons de tourbe. L'examen de ces analyses permettra de se rendre compte que les substances qui dominent dans les

cendres de tourbe sont la silice, le carbonate de chaux
et l'oxyde de fer.

On remarquera que les cendres de tourbe ne contiennent pour ainsi dire pas de phosphates; le fait est
d'ailleurs normal, les tourbes étant très pauvres en
acide phosphorique. Ce fait tient à ce qu'elles ont une
teneur assez forte en acide ulmique et constituent
par suite un excellent dissolvant des phosphates. Les
phosphates dissous sont alors entraînés par les eaux
à faible courant qui circulent dans les tourbières (1).

Analyse des cendres d'un échantillon de tourbe de
Fontaine-le-Comte (Jacquelin).

Eau	3,40
Chlore	0,15
Soufre	0,65
Carbone	1,25
Silice	3,25
Acide sulfurique..........	10,25
Magnésie	23,45
Alumine ferrugineuse.......	17,70
Chaux	39,90
Magnésie	23,45
Soude et potasse..........	traces
Phosphates et azotates....	0,00

Analyse des cendres d'un échantillon de tourbe noire
limoneuse (Sprengel).

Quartz	11,0
Silice	20,0
Alumine	18,5

(1) Rémy DUMONT, *Les sols humides,*

Magnésie	5,9
Carbonate de chaux	13,2
Oxyde de fer	12,4
Oxyde de manganèse	0,1
Gypse	12,30
Phosphate de chaux	1,5
Chlorure de sodium	4,0
Pertes	1,1

Des tourbes contenant moins de 0,5 pour mille d'acide phosphorique sont considérées comme pauvres en cette substance; elles sont considérées comme riches à partir d'une teneur de 2 pour mille et au-dessus.

Les cendres de tourbe sont également employées dans les prairies marécageuses pour la destruction des joncs qui souvent les infestent.

Enfin dans certaines campagnes on les mélange à de la boue de mare ou d'étang. On a ainsi un produit qui a une plus grande consistance et qui constitue également un bon engrais.

Conservation des fruits et des légumes. Les premières recherches ayant pour but l'emploi de la tourbe, en raison de ses qualités absorbantes et désinfectantes, pour la conservation des légumes et des fruits ont eu lieu en Allemagne.

Dès 1889, la Société tourbière de Gilhorn (1) exposait à Magdebourg des pommes de terre conservées au moyen de la tourbe depuis 1888 et qui étaient encore en parfait état. La germination ne s'était pas produite. En 1899, le Conseil d'agriculture de la Hesse

(1) LARBALÉTRIER, *La tourbe et les tourbières*, page 165.

fit des essais de conservation de pommes de reinette.
Les essais furent conduits de la façon suivante :

Les pommes furent partagées en trois lots. Les premières furent entourées de papier de soie et emballées dans de la poussière de tourbe dans des caisses qui furent mises en cave; les secondes subirent le même emballage, mais ne furent pas, au préalable, enveloppées dans du papier de soie; enfin les troisièmes furent entourées de papier de soie et emballées dans de la poussière de tourbe dans des caisses qui furent enterrées à 0 m. 50 dans le sol de la cave.

La première et la troisième méthode ont donné des résultats meilleurs que la seconde, c'est-à-dire que les pommes se conservent mieux lorsqu'elles sont entourées de papier de soie.

Ces expériences ont été reprises en 1911, par M. E. Nyström (1), à la Société suédoise de la Tourbe à Jönköping (Suède). De ses essais M. Nyström a conclu que la conservation des fruits ne pouvait avoir lieu d'une manière satisfaisante, pendant un temps assez prolongé, que dans une salle à température relativement basse, spécialement agencée et où il soit possible de régler à volonté la température et le degré d'humidité de l'air. Les essais pour la conservation des fruits dans ces conditions ont montré que la température doit être maintenue constamment aux environs de 0 à 2 deg. c. et l'humidité relative de l'air à 80 %.

Dans les chambres de conservation des fruits, la température est habituellement variable et, particulièrement au début de l'automne, est beaucoup trop

(1) *Journal of the Canadian Peat Society* (août 1913). — Dr. Hyalmar von Feilitzen, *Mitteilungen des Vereins zur Förderung der Moorkultur im Deutschen Reiche.*

élevée (de 8 à 10 degrés et même, parfois, plus). Il en résulte qu'une partie des fruits pourrissent, ou se dessèchent et perdent leur bel aspect. Il convient pour éviter ce dernier inconvénient d'empêcher une trop grande évaporation de l'eau des fruits. On y arrive en les faisant reposer sur une litière de tourbe.

À la station d'essais de Jönköping l'expérience fut tentée sur une petite échelle au moyen de trois sortes de pommes mûrissant à des époques différentes, à savoir :

1º *Pommes de Gravenstein*. — Mûrissant en Suède, en novembre et se conservant, par les méthodes ordinaires, jusqu'en février.

2º *Poires-pommes d'hiver*. — Mûrissant en décembre et se conservant jusqu'en mars.

3º *Pommes de Ribstons*. — Mûrissant en janvier et se conservant jusqu'en mai.

Les essais portèrent sur des pommes de même grosseur de chaque sorte disposées en trois rangées.

Rangée A. — Les pommes étaient simplement posées sur une planchette dans la chambre de conservation.

Rangée B. — Les pommes étaient soigneusement disposées dans la poussière de tourbe de façon que chaque fruit fût séparé du suivant par une épaisseur de tourbe.

Rangée C. — Les pommes étaient enveloppées de papier de soie et disposées dans la poussière de tourbe.

La température moyenne de la chambre de conservation fut la suivante :

Décembre	+ 8º 5 c.
Janvier	+ 3º 9 c.
Février	+ 4º 7 c.
Mars	+ 7º 2 c.

Avril .... + 7° 2 c.
Mai .... + 9° 0 c.

La plus haute température atteinte fut le 5 décembre 10 degrés et la plus basse le 2 février : — 0, 5 deg. c.

L'humidité de l'air oscilla entre 60 et 80 % ; la chambre de conservation était donc assez loin des conditions idéales pour la conservation des fruits. La température y était trop dépendante de la température extérieure et généralement trop élevée, et l'air était souvent trop sec.

Les pommes reposant sur les planchettes ne tardèrent pas à se rider et à pourrir plus ou moins.

L'expérience fut poursuivie avec les Gravenstein jusqu'au 21 février et avec les deux autres sortes jusqu'au 10 mai.

Les résultats obtenus sont les suivants :

1° *Pommes de Gravenstein.*

Durée de conservation : du 5 décembre 1911 au 21 février 1912. Chaque rangée comportait 43 pommes parfaitement saines et de même grosseur.

PROCÉDÉ DE CONSERVATION	POIDS		PERTE de POIDS
	au commencement de l'essai. Grs.	à la fin de l'essai. Grs.	Grs.
1° Sur planchette.......	3.808	3.035	773
2° Sur lit de tourbe......	4.018	3.723	295
3° Lit de tourbe et dans enveloppe de papier de soie	3.810	3.534	276

Le résultat total de l'expérience fut le suivant :

POMMES SAINES	POMMES AVARIÉES	PERTE DE POIDS pour cent	POURCENTAGE DES POMMES AVARIÉES	PERTES TOTALES pendant l'essai par perte de poids et pourriture.
1º 6	37	20 ,3	86 ,0	86 ,5
2º 23	20	7 ,3	46 ,5	49 ,1
3º 23	20	7 ,3	46 ,5	49 ,1

2º *Poires-pommes d'hiver.*

Durée de conservation : du 5 décembre 1911 au 10 mai 1912. Chaque rangée comportait 45 pommes de même grosseur.

PROCÉDÉ DE CONSERVATION	POIDS		PERTE de POIDS
	au commencement de l'essai Grs.	à la fin de l'essai Grs.	Grs.
1º Sur planchette........	2.303	1.584	719
2º Sur lit de tourbe......	2.518	2.203	315
3º Sur lit de tourbe dans papier de soie.........	2.388	1.985	403

Résultat final de l'essai :

POMMES SAINES	POMMES AVARIÉES	PERTE DE POIDS pour cent.	POMMES AVARIÉES pour cent.	PERTES TOTALES pendant l'essai par perte de poids et pourriture.
1º 26	19	31,2	42,2	59,8
2º 35	10	12,6	22,2	30,5
3º 33	12	16,9	26,2	39,9

3º *Pommes de Ribstons.*

Durée de conservation : du 5 décembre 1911 au 10 mai 1912. Chaque rangée comportait 45 pommes de même grosseur.

PROCÉDÉ DE CONSERVATION	POIDS		PERTE
	au commencement de l'essai. Grs.	à la fin de l'essai. Grs.	de POIDS Grs.
1º Sur planchette........	2.417	1.940	477
2º Sur lit de tourbe......	2.758	2.482	276
3º Sur lit de tourbe dans papier de soie.........	2.789	2.495	294

Résultat final :

POMMES SAINES	POMMES AVARIÉES	PERTE DE POIDS pour cent.	POMMES AVARIÉES pour cent.	PERTES TOTALES pendant l'essai par perte de poids et pourriture.
1° 26	19	19,7	42,2	54,7
2° 39	6	10,0	13,3	24,0
3° 32	13	10,5	28,9	37,9

Ainsi qu'il résulte de l'examen des tableaux précédents, la conservation dans la poussière de tourbe réduit de moitié la perte par décomposition, et de moitié, ou au moins du tiers, la perte de poids. La proportion, relativement forte, de pommes qui se sont avariées dans la poussière de tourbe est probablement due au fait que celle-ci n'était pas assez sèche.

Au moment de la mise en chambre elle contenait en effet 37,8 % d'humidité. Une bonne tourbe pour la conservation des fruits ne devrait pas contenir plus de 25 % ou au grand maximum 30 % d'humidité.

C'est probablement aussi par suite de l'humidité que le déchet a été plus grand parmi les pommes enveloppées dans du papier de soie.

Une très grande différence était sensible dans l'aspect des pommes conservées. Les fruits conservés sur les planchettes étaient très ridés tandis que ceux conservés dans la poussière de tourbe avaient conservé leur apparence de fraîcheur primitive.

La conservation des fruits dans la poussière de tourbe peut donc être recommandée dans les installations à faible débit et où de bonnes chambres de conservation peuvent être réalisées; mais on devra apporter une attention toute particulière à la dessication de la tourbe et au maintien d'une basse tem-

Fig. 54. — En haut : pommes de Ribstons conservées pendant 5 mois sur une planchette. En bas : pommes de Ribstons conservées pendant 5 mois dans la tourbe.

pérature, sans gelée cependant, dans les chambres.

La figure 54 représente, à la partie supérieure, des pommes de Ribstons conservées pendant 5 mois sur une planchette; la partie inférieure représente des pommes de même nature conservées pendant le même temps dans la poudre de tourbe. On remarquera la différence d'aspect des pommes conservées par ces deux procédés.

Fabrication des nitrates. *Méthode chimique.* — Les nitrates jouent un rôle très important en agriculture où ils constituent un engrais très recherché. Jusqu'à présent la totalité des nitrates naturels étaient importés du Chili, du Pérou et du Brésil. C'est en effet dans le sol des déserts qui séparent ces trois pays qu'ils ont été découverts et il n'en a été découvert nulle part ailleurs.

Mais il y a, par contre, d'autres sources de nitrates que les nitrates naturels ; ce sont les nitrates artificiels. Ceux-ci peuvent se préparer par voie électrique, par combinaison directe de l'azote et de l'oxygène de l'air et également par voie chimique.

La tourbe qui contient parfois une assez forte proportion d'azote peut constituer des nitrières très actives (1). Dans ce but on mélange à la tourbe environ 10 % de son poids de craie et, par addition convenable d'eau, on l'amène à une teneur de 50 à 60 % d'humidité que l'on apprécie à la main : elle ne doit pas s'effriter lorsqu'on l'abandonne sur le sol.

En outre, pour augmenter l'activité de la nitrification on ensemence le mélange au moyen de terreau ou du produit d'une autre nitrière en activité.

Le mélange de tourbe, de craie et de ferments est placé dans un local où il est possible de maintenir constamment une température de 25 à 28 degrés. On ajoute alors du sulfate d'ammoniaque, destiné à apporter l'azote ammoniacal, à raison de 3 grammes

(1) Jean ESCARD, *L'Industrialisation de la Tourbe.* L'industrie chimique (juillet et août 1917).

de sulfate d'ammoniaque par kilogramme de tourbe humide.

Les microbes se développent alors, l'azote nitrique prend naissance et l'azote ammoniacal disparaît. On le renouvelle au fur et à mesure en dissolvant, en proportion convenable, du sulfate d'ammoniaque dans l'eau d'arrosage destinée à maintenir la tourbe à son degré d'humidité normal.

L'acide sulfurique du sulfate d'ammoniaque est mis en liberté et attaque la craie avec laquelle il forme du sulfate de chaux avec dégagement d'acide carbonique. La consommation de craie est de 200 grammes pour 132 grammes de sulfate d'ammoniaque et il convient de s'assurer qu'elle existe toujours en excès dans le terrain de la nitrière.

On obtient ainsi un nitrate de chaux qu'il convient de transformer en nitrate de potasse. Pour cela on l'extrait de la tourbe par lessivage; on obtient ainsi une solution à 15 % de nitrate de chaux environ qui est traitée par une solution de chlorure ou de sulfate de potassium. Le sulfate donne de meilleurs résultats, le sulfate de chaux se séparant nettement par précipitation. Le liquide décanté laisse cristalliser le nitrate de potasse très pur.

Une nitrière d'un hectare et d'une épaisseur d'un mètre, soit un volume de 10.000 mètres cubes produit 3.000 kilogrammes de nitrate de potasse par jour.

On peut encore augmenter ce rendement au moyen des nitrières continues à déversement. Dans ce procédé les solutions ayant déjà passé sur une nitrière sont reprises, additionnées d'une nouvelle quantité de sulfate d'ammoniaque et déversées soit sur la même nitrière, soit sur une autre jusqu'à obtention d'une solution de concentration suffisante.

La nitrière est alors formée de tas parallélipipédiques de 1 à 2 mètres de hauteur reposant sur un lit de mâchefer. Les premiers arrosages sont effectués avec une solution faible de sulfate d'ammoniaque (2,5 grammes par litre) à raison de 200 litres de solution par mètre cube de nitrière et par 24 heures. On augmentera successivement la teneur de la solution jusqu'à 5 puis 7,5 grammes de sulfate d'ammoniaque par litre et le débit de l'arrosage atteindra 1.000 litres de solution par mètre cube.

On établit une série de nitrières semblables, les solutions sortant d'une nitrière étant, après addition d'une nouvelle quantité de sulfate d'ammoniaque, déversées à la surface de la nitrière suivante.

Les solutions atteignent ainsi une concentration de plus en plus forte.

Avec une organisation mécanique bien comprise on arrive de la sorte à produire le nitrate d'une façon continue et à bas prix.

Méthode électrolytique. — Cette méthode de fabrication des nitrates peut être avantageuse dans les pays de montagne où il est possible d'obtenir l'énergie à bon compte. Le procédé Nodon (1) permet d'obtenir un rendement élevé à l'aide d'un matériel simple et sur le sol même de la tourbière.

L'installation se compose d'une série de vases poreux renfermant du coke, qui joue ici le rôle d'électrode positive, et une solution étendue d'acide nitrique. Les électrodes négatives sont constituées

(1) Jean ESCARD, *loc. cit.*

par des barres de fonte plantées dans le sol de la tourbière qui, lui-même, tient lieu d'électrolyte.

Les dimensions des vases poreux sont de 2 m. 50
de hauteur et 0 m. 40 de diamètre; ils sont disposés
à 1 mètre les uns des autres et renferment deux
tubes : l'un atteignant le fond sert à extraire la solution concentrée d'acide nitrique, l'autre pénétrant
peu profondément dans le vase est utilisé pour remplacer par de l'eau pure la solution d'acide nitrique
enlevée. Autour de chaque vase est ménagé un espace
annulaire rempli de craie concassée.

Quand on ferme le circuit l'action électrolytique se
produit. Il se forme de l'acide nitrique à l'électrode
positive, c'est-à-dire dans les vases, et de la chaux
aux électrodes négatives. L'acide est extrait constamment au moyen d'une pompe par le tube dont il a
été parlé plus haut. Il est encore très étendu et il
convient de le concentrer dans des appareils en grès,
ou bien on se contente de le saturer par du carbonate
de chaux. Le nitrate de chaux obtenu est livré directement à l'agriculture après évaporation et cristalli-
sation.

Il est préférable de ne pas employer des courants trop
intenses, ceux-ci atténuant sensiblement l'activité des
ferments nitriques. Cependant lorsque l'on ne dispose
que de courants à grande intensité on peut néanmoins
les utiliser en divisant la nitrière en deux parties
égales l'une étant soumise à l'électrolyse pendant
que l'autre se repose. .

La tourbe employée dans ce procédé doit également être additionnée de calcaire ou simplement
d'un lait de chaux provenant du lessivage des gaines
de chaux entourant les vases poreux, cela afin d'évi-

ter que la tourbe ne devienne trop acide par la présence de l'acide nitrique mis en liberté ce qui aurait pour conséquence d'arrêter l'action des ferments.

Le rendement d'une installation fonctionnant jour et nuit est de 432 kilogrammes d'acide nitrique par hectare contenant environ 2.500 vases. La consommation d'énergie électrique estde 180 kilowatts.

La tension du courant d'électrolyse ne doit pas dépasser 10 volts. On pourra néanmoins employer le courant fourni par une ligne ordinaire d'éclairage à 110 ou 220 volts en divisant la nitrière en 11 ou 22 tranches parallèles que l'on réunira en série, absolument comme on le fait pour des piles.

Ce procédé permet d'obtenir le nitrate à 0 fr. 10 le kilogramme.

Nourriture des animaux. On ajoute de la poussière de tourbe à la mélasse utilisée pour la nourriture des animaux dans le but d'en réduire les effets purgatifs. La tourbe agit, dans ce cas, par ses acides et principalement par son acide humique qui neutralise les sels de *Potassium* nocifs contenus dans la betterave.

Les avantages du mélange sont les suivants :

Prix d'achat inférieur de 50 pour cent à celui du meilleur aliment de bétail et pouvoir nutritif équivalent ; il aide la digestion et excite l'appétit.

Il augmente la quantité du lait chez les vaches et en améliore la qualité.

Il agit comme stimulant et augmente la vivacité des chevaux ; il les préserve des coliques.

La préparation de la mélasse à la tourbe s'effectue simplement en chauffant la mélasse à 90 deg. c. envi-

ron et en y ajoutant à ce moment de la poussière de
tourbe dans la proportion de 20 kilogrammes de
tourbe pour 80 kilogrammes de mélasse.

CHAPITRE IX

EMPLOIS DIVERS DE LA TOURBE

On a essayé d'employer la tourbe pour un grand nombre d'usages parmi lesquels :

La fabrication du papier;

La fabrication de l'alcool;

La fabrication des tissus;

La fabrication du bois de tourbe;

L'épuration des eaux d'égouts.

On l'a en outre employée en médecine et en métallurgie.

Si de bons résultats ont été obtenus dans certaines de ces applications, d'autres, par contre, ont conduit à des déboires; un certain nombre d'entre elles en sont encore à la période des recherches. Nous les examinerons succinctement.

Fabrication du papier. De nombreux essais ont été tentés pour utiliser la tourbe dans la fabrication de la pâte à papier. Ce serait là certainement une application intéressante à l'heure où l'on s'occupe de trouver des succédanés de la pâte de bois, à peu près exclusivement employée aujourd'hui.

Jusqu'à présent il ne semble pas que l'on soit arrivé à des résultats satisfaisants, le papier obtenu soit avec de la tourbe seule, soit avec un mélange de tourbe et de pâte de bois est de bonne qualité, imperméable et de bonne conservation quoiqu'un peu grossier, mais d'un prix trop élevé.

La National Fibre Products Co. de New-York emploie un procédé d'extraction permettant de réduire au minimum la détérioration des fibres de la tourbe, dans le but de son utilisation pour la fabrication de la pâte à papier (1). La tourbe est désagrégée dans la tourbière même, par un puissant jet d'eau et les fibres tenues en suspension dans cette eau sont séparées et lavées successivement dans des bains alcalin et acide. Ce traitement a pour but d'en augmenter la résistance. Parmi les procédés employés pour la fabrication du papier de tourbe nous signalerons le procédé Brin (2). Ce procédé est à la fois chimique et mécanique.

Les fibres de tourbe sont fendues par leur passage entre deux cylindres pourvus de dents et, en même temps, complètement lavées par un courant d'eau. Elles tombent ensuite sur un treillis d'où l'eau s'égoutte et sont alors comprimées entre des rouleaux qui en extraient les dernières traces d'eau et les matières colorantes. Puis elles sont reprises par une solution chaude de soude caustique à 2,5 deg. B. et repassent de nouveau entre les cylindres. Cette opération dure environ 1 heure, après quoi les fibres sont lavées à l'eau froide sur un treillis. Elles sont ensuite

(1) Brevet canadien, n° 147.434 du 22 avril 1913.
(2) NYSTROM, *loc. cit.*, page 262.

blanchies par un procédé chimique et traitées à la soude caustique à 5 ou 6 d. B. et à l'acide chlorhydrique. La pâte est alors prête pour la fabrication du papier.

Le procédé Zschörner n'emploie que des réactions chimiques pour le traitement des fibres de tourbe. L'opération s'effectue dans un appareil à cinq compartiments contenant des produits de traitement différents. La pâte obtenue est employée soit seule, soit mélangée à une autre pâte à papier.

Des recherches microscopiques ont été effectuées sur différents papiers de tourbe à la Mosskulturforening (Société suédoise de la Tourbe). De ces recherches il est résulté que la tourbe de sphaignes est mauvaise pour la fabrication du papier, car les feuilles et les tiges de mousses de sphaignes contiennent très peu d'éléments fibreux et d'écorces qui sont nécessaires pour la fabrication du papier. En outre, par suite de son grand pouvoir absorbant pour l'humidité, le prix de revient de séchage est très élevé.

Les fibres d'ériophore conviendraient mieux, leur résistance étant égale à celle des fibres ligneuses ; mais le prix de revient du nettoyage des fibres est, dans ce cas, beaucoup trop élevé.

Alcool de tourbe. On sait que le bois traité à chaud par l'acide sulfurique se transforme en glucose qui, par fermentation, donne de l'alcool. On peut remplacer le bois par de la tourbe qui contient le même principe, la cellulose, et l'on obtient un alcool ayant les mêmes propriétés que l'alcool de pommes de terre.

D'après Larbalétrier (1), 16 kilogrammes de tourbe

(1) LARBALÉTRIER, *loc. cit.*, page 136.

sèche fournissent 1 litre d'alcool absolu et le même poids de pommes de terre, choisies parmi les meilleures et contenant 20 % d'amidon, rendent seulement 1,9 litre d'alcool absolu.

L'opération se conduit de la façon suivante :

La tourbe brute, telle qu'elle est extraite de la tourbière est chargée dans un autoclave; on l'additionne d'acide sulfurique marquant 30 à 35 degrés Baumé en quantité suffisante pour obtenir une solution titrant 2 à 2,5 % d'acide sulfurique. La masse est portée à la température de 100 degrés par des serpentins parcourus par de la vapeur à 115 ou 120 degrés. On maintient l'ébullition pendant 4 ou 5 heures en dosant de temps à autre la teneur en sucre pour régler la durée de la cuisson.

Lorsque la cuisson est terminée, on vide l'autoclave sur un filtre-presse et on sépare ainsi la solution du résidu insoluble. On concentre par ébullition et on neutralise la liqueur d'abord par addition d'un lait de chaux, puis ensuite au moyen de carbonate de chaux. On l'abandonne au refroidissement jusqu'à ce que la température de la solution soit de 25 degrés. On ajoute alors de la levure et on laisse la fermentation se produire complètement. On distille enfin l'alcool à la manière ordinaire.

D'après les expériences faites par Feilitzen en 1807, le rendement en alcool est de 5,8 % du poids de la tourbe sans eau.

Le même auteur estime ainsi le prix de revient de l'alcool de tourbe (1) :

----

(1) NYSTROM, *loc. cit.*, page 261.

	Cms. par litre d'alcool.
Tourbe mousseuse	3,0
Acide sulfurique à 2.43 c. par litre	1,7
Chaux à 0.4 c. par kg	0,5
Main-d'œuvre, levure, amortissement du matériel, etc... minimum	5,3
Total	10,5

En 1905, une usine fonctionnait au Danemark, d'après un procédé dû à H. Raynaud et qui utilisait, pour la fermentation du glucose, une levure cultivée avec un ferment particulier. Ce procédé a été introduit en Suède où les expériences ont été poursuivies avec l'appui financier du gouvernement.

Les chiffres suivants, empruntés à l'étude de M. Escard (1), permettront de se rendre compte d'une façon plus nette du rendement obtenu : une tourbe à 14 % d'humidité nécessite 75 litres d'acide sulfurique à 28 d. B., pour 2.300 kilogrammes de tourbe, et ces 1.500 litres de matière permettent d'obtenir 140 litres d'alcool absolu.

C'est un peu plus que ne produiraient 1.000 kilogrammes de pommes de terre à 20 % d'amidon. Si l'on compare les prix de poids de pommes de terre et de tourbe donnant la même quantité d'alcool on se rendra compte combien la tourbe mousseuse est plus avantageuse.

Fabrication des tissus hygiéniques. Pour cet usage on emploie de la tourbe fibreuse principalement composée de l'espèce *Eriophorum vagniatum*

(1) Escard, *L'industrialisation de la tourbe*, (août 1917) page 684.

au moyen de laquelle on constitue des fils destinés au tissage.

Le tissu obtenu manque de résistance ; mais, par suite des qualités absorbantes, désinfectantes et aseptiques de la tourbe, il présente un certain intérêt et pour l'emploi dans les hôpitaux, et pour la confection des sous-vêtements.

De l'enquête à laquelle s'est livré M. Nyström pour le gouvernement canadien, il résulte que les diverses industries créées dans ce but ont englouti des capitaux importants sans avoir donné de résultats appréciables. Cependant certaines tourbières de Hollande, du Nord de la France et du Jura sont uniquement exploitées à cette seule fin.

Bois de tourbe. On peut préparer avec la tourbe une substance artificielle ayant l'aspect du bois et présentant un certain effet artistique. Cette matière, nommée bois de tourbe, est principalement préparée par le procédé de I. Hemmerling de Dresde.

La tourbe humide, réduite à l'état fibreux, est mélangée soit à de la chaux hydratée et à du sulfate d'aluminium (procédé Hemmerling), soit simplement à du plâtre. La masse est ensuite soumise à une très forte pression (environ 600 atmosphères) pendant 15 secondes entre deux plaques d'acier. Cette opération a pour but d'exprimer la plus grande partie de l'eau. On sèche alors dans un séchoir ordinaire où l'on maintient une température constante d'environ 18 degrés.

Au bout d'une huitaine de jours, on obtient un produit ayant l'aspect du bois dur et se laissant travailler et polir. D'après Nyström, des blocs de bois de tourbe auraient servi au pavage des rues de Dresde. Ce produit, incombustible, serait particulièrement recommandé pour la construction.

Épuration des eaux d'égout. Les qualités désinfectantes de la tourbe la rendent particulièrement apte à l'épuration des eaux d'égout des villes. Pour cet usage particulier, on emploie de préférence de la tourbe mousseuse qui ne s'émiette ni à l'eau ni à l'air et conserve néanmoins une grande perméabilité.

Le lit d'absorption se prépare de la façon suivante (1) :

La tourbe mousseuse est déversée en menus fragments, humidifiée et additionnée de craie, ou d'une terre calcaire, à raison de 25 kilogrammes environ par mètre cube de tourbe de façon à neutraliser son acidité. On fait également une addition de terreau à raison de 2 à 3 kilogrammes par mètre cube. La masse est bien mélangée et entassée en un lit de 1 m. 50 d'épaisseur.

Au début, le débit des eaux d'égout sera limité à 400 à 500 litres par mètre carré et par jour, et au bout d'une semaine sera porté progressivement à 3 ou 4 mètres cubes. A la base de la couche il s'écoule un liquide absolument inodore dans lequel le nombre des microorganismes a été réduit dans le rapport de 1 à 10.000.

(1) ESCARD, *loc. cit.*, page 683.

BIBLIOGRAPHIE

Vichniak : La tourbe et l'industrie électrique. *Revue générale de l'électricité*, 1917.

Escard : L'Industrialisation de la tourbe. *L'Industrie chimique*, 1917.

Dubosc : Traité complet de la tourbe, 1870.

E. Nystrom : Tourbe et lignite. Leur fabrication et leurs emplois en Europe.

G. Franche : La tourbe. *Revue de Chimie industrielle*, 1917.

A. Anrep : Recherches sur les tourbières et l'industrie de la tourbe au Canada, 1910-1911.

A. Anrep : Recherches sur les tourbières et l'industrie de la tourbe au Canada, 1911-1912.

A. Anrep : Recherches sur les tourbières et l'industrie de la tourbe au Canada, 1913-1914.

Larbalétrier : La tourbe et les tourbières.

F. Challeton de Brughat : De la tourbe, 1861.

Pierre Guieu : La tourbe et l'industrie électrique, *Revue générale de l'électricité*, 8-22-29 décembre 1917.

Galaine, Lenormand et C. Houlbert : Sur l'exploitation économique des tourbes de Châteauneuf-sur-Rance (Ille-et-Vilaine). *Comptes rendus de l'Académie des Sciences*, n° 10, 3 septembre 1917.

INSTITUT SCIENTIFIQUE ET INDUSTRIEL : Le gaz pauvre est-il réellement avantageux?

GOUVY : Les gaz de fours à coke, *Mémoires et comptes rendus des travaux de la Société des ingénieurs civils,* décembre 1912.

FRITSCH : Fabrication des engrais.

LENCAUCHEZ : Les gaz combustibles et les moteurs à gaz, *Bulletin de la Société de l'industrie minérale,* 1905.

HAANEL : Rapport sur l'utilisation de la tourbe pour la production de la force motrice, 1910-1911.

MARCHIS : Production et utilisation des gaz pauvres.

DESCHAMPS : Les gazogènes.

WITZ : Moteurs à gaz et à pétrole.

Hugo BRAUNS : Duff generatoranlagen fur Schmelz und Krafterzeugung. *Stahl und Eisen,* 1er novembre 1903.

TEICHMULLER : Elektrotechnik und Moorkultur *Elektrotechnische Zeitschvift,* 5-12-19-26 décembre 1912.

N. CARO : Moorkultur und Torfverwertung *Elektrotechnische Zeitschrift,* 10 novembre 1910.

Journal of the Canadian Peat Society.

SCHENCK : Rationelle Torfverwertung.

TABLE DES MATIÈRES

CHAPITRE II

PROSPECTION DES TOURBIÈRES

CHAPITRE III

EXPLOITATION DES TOURBIÈRES
EXPLOITATION A LA MAIN

CHAPITRE IV

EXPLOITATION DES TOURBIÈRES
EXPLOITATION A LA MACHINE

CHAPITRE V

COMBUSTION DIRECTE DE LA TOURBE

CHAPITRE VI

DISTILLATION PYROGÈNE DE LA TOURBE

CHAPITRE VII

EMPLOI DE LA TOURBE DANS LES GAZOGÈNES

CHAPITRE VIII

EMPLOIS DE LA TOURBE EN AGRICULTURE

CHAPITRE IX

EMPLOIS DIVERS DE LA TOURBE

Chartres. — Imp. GARNIER. 32.7.18.

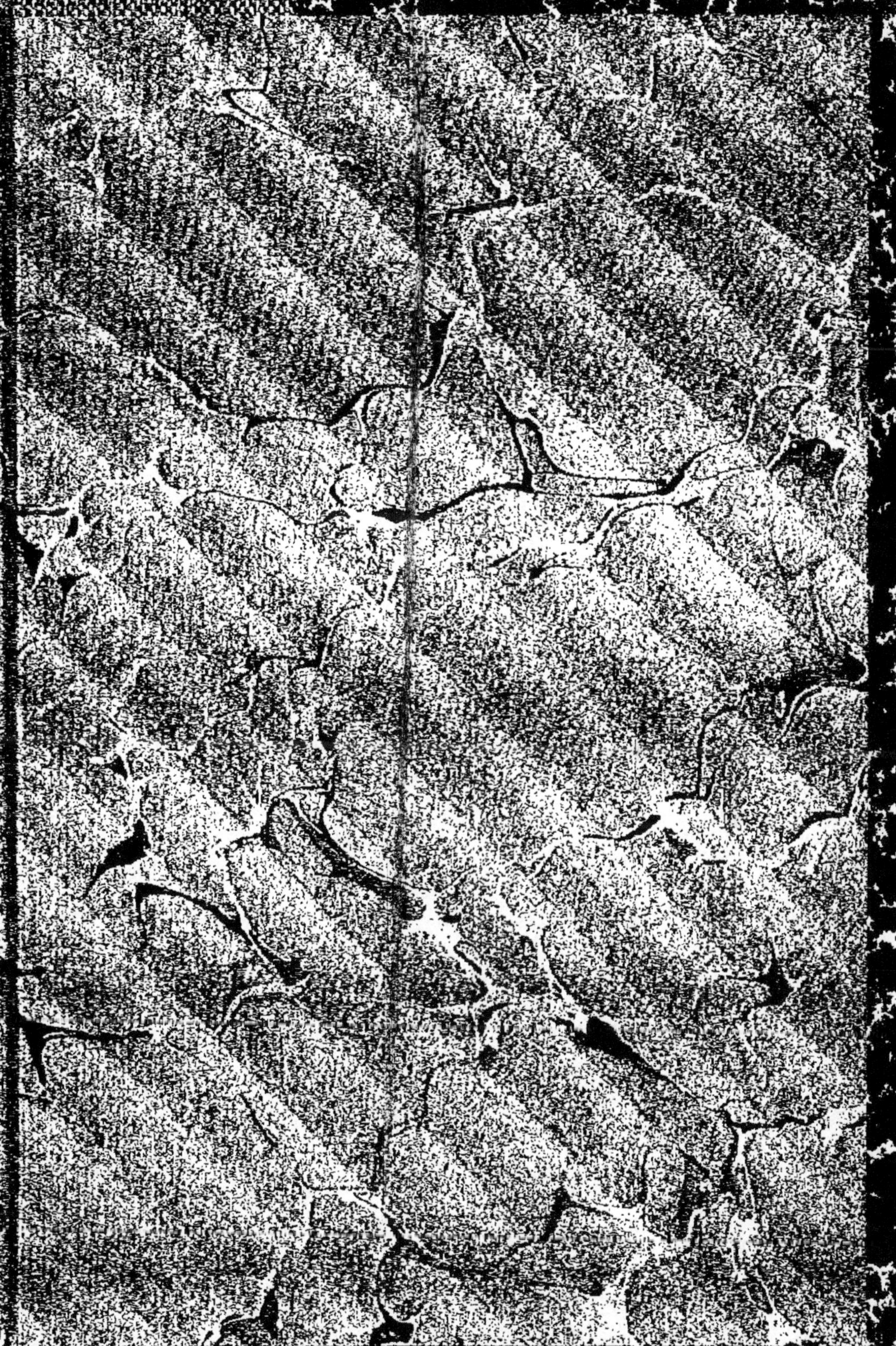

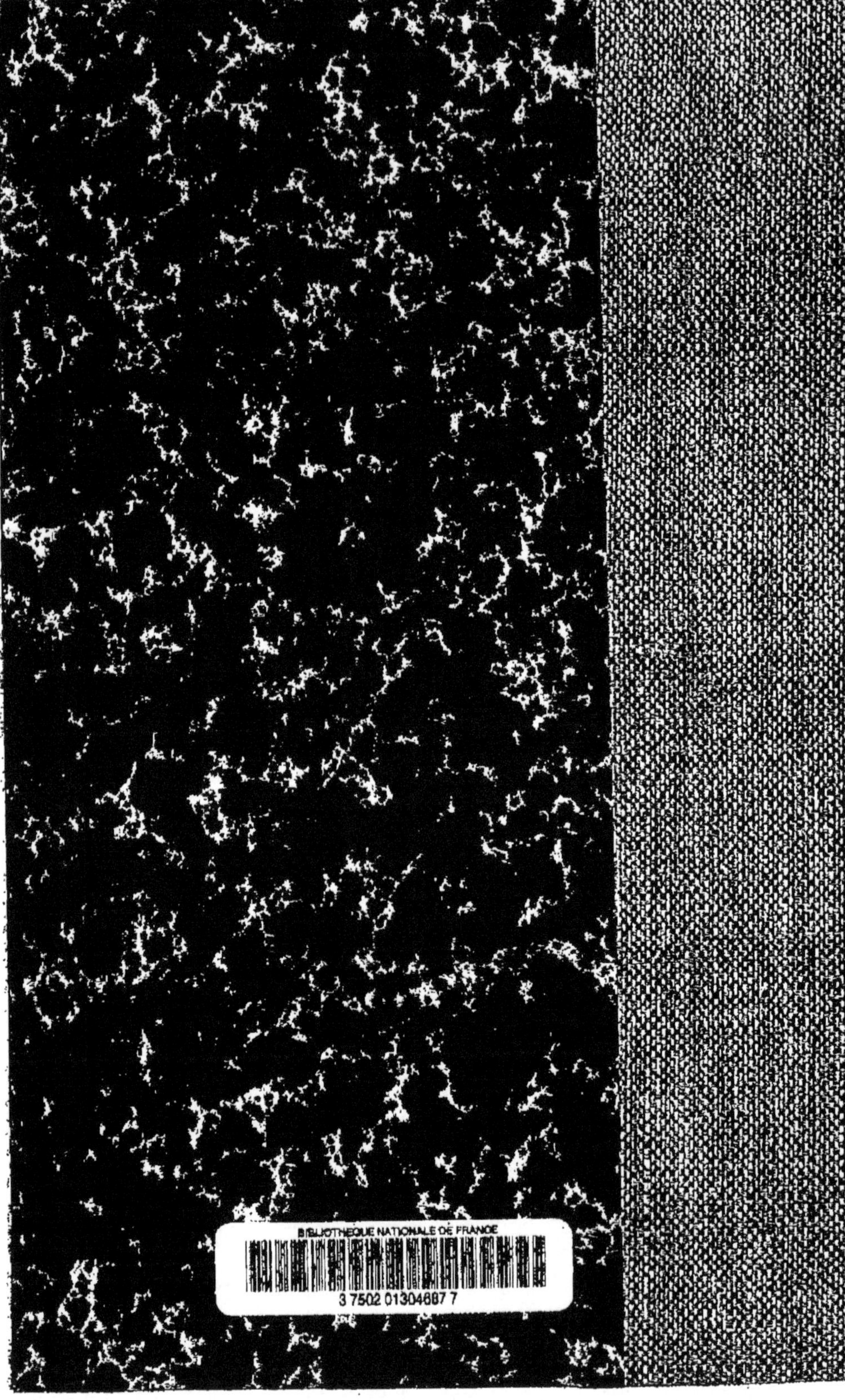

BIBLIOTHEQUE NATIONALE DE FRANCE
3 7502 013046887 7